ROLEX

PHILOSOPHIE

Redaktion
BALTHAZAR PAGANI

Projektkoordination
GIORGIO FERRERO

Gestaltung
MARIA CUCCHI

WHITE STAR PUBLISHERS

WS White Star® Verlag ist eine eingetragene Marke von White Star s.r.l.

Piazzale Luigi Cadorna, 6 – 20123 20123 Mailand, Italien – www.whitestar.it

Die Originalausgabe erschien unter dem Titel »Rolex Philosophy«.

Ein Gesamtverzeichnis der lieferbaren Titel schicken wir Ihnen gerne zu.
Bitte senden Sie uns eine E-Mail mit Ihrer Adresse an vertrieb@koehler-books.de
Sie finden uns auch im Internet unter www.koehler-books.de

Bibliografische Information der Deutschen Nationalbibliothek – Die Deutsche Nationalbibliothek verzeichnet diese Publikation in der Deutschen Nationalbibliografie; detaillierte bibliografische Daten sind im Internet über https://portal.dnb.de abrufbar.
ISBN 978-3-7822-1539-8

Produktion: Sarah Winter
Druckerei: Allied Fortune Times Limited (AF printing)
Address: Room 1501-Building No. 5, Ronghua International,
No. 10 Rong Hua South Road, BDA, Beijing China. Postcode: 100176

FSC
www.fsc.org
MIX
Papier aus verantwortungsvollen Quellen
FSC® C178000

MARA CAPPELLETTI

ROLEX

PHILOSOPHIE

Koehler

INHALT

EINBLICKE IN EINE LEGENDE

»Luxus verleitet zum Träumen. Das Konzept Luxus hüllt Produkte in einen eleganten Schleier des Geheimnisses, Produkte, die ohne diese geheimnisvolle Aura im Schatten der Regale bleiben würden und uns allen als eine Art unverständliche Laune oder als ein sozialer Identifikationscode erscheinen würden, der wohlhabenden Menschen vorbehalten ist, die alle zueinander in Beziehung stehen.«

Thierry Paquot, »*Zum Lob des Luxus. Oder der Nutzen des Nutzlosen*«

Eine Anekdote im Zusammenhang mit Rolex besagt, dass André Heiniger, der Vorsitzende des Unternehmens in den Siebzigerjahren, einmal von einem Freund gefragt wurde: »Wie läuft das Uhrengeschäft?«, worauf Heiniger ihm antwortete: »Ich habe keine Ahnung.« Auf den erstaunten Gesichtsausdruck seines Freundes hin erläuterte er: »Rolex ist nicht im Uhrengeschäft. Wir sind im Luxusgeschäft.«

Wenn von Rolex die Rede ist, bedeutet das unweigerlich, von Luxus zu sprechen. Dabei ist der Begriff jedoch nicht nur als eine mit Geld verbundene Form des Konsums zu verstehen, sondern als eine Exklusivität, die auf der Entscheidung für einen bewussten, erfolgreichen Lebensstil beruht. Während der Erfolg eines Unternehmens konkret messbar ist, ist die Beschäftigung mit seinen immateriellen Facetten, insbesondere durch die Unbeschreiblichkeit der Legende, unvermeidlich.

Rolex ist ein Unternehmen, das zahlreiche Rekorde hält. Nach Angaben von Analysten weist es den höchsten Umsatz aller Unternehmen in der Uhrenbranche auf – ein Rekord, den es seit Jahren erfolgreich behauptet. Rolex steht auf den Listen der Unternehmen mit dem höchsten Finanzwert sowohl in Europa als auch weltweit und gilt als eines der Top-Unternehmen der Schweiz – eine der gefragtesten Marken der Welt und eine der Luxusmarken, die die meisten Begehrlichkeiten weckt. Neben einem beträchtlichen Geschäftswachstum hat die Marke in den letzten Jahren den höchsten Media Impact Value (MIV) online und in den sozialen Medien erreicht. Sie ist zugleich die am häufigsten nachgeahmte Uhrenmarke der Welt. Auch hier gilt die Uhrenmarke mit der Krone als diejenige mit der besten und klarsten Identität, der man sowohl in Bezug auf das Produkt als auch bei der Botschaft Authentizität zuschreibt. Die Genfer Uhrenmarke belegt zudem seit mehreren Jahren den ersten Platz für die beste Markenreputation und führt die Rangliste von RepTrak an, einem in Boston ansässigen Unternehmen, das alljährlich eine Übersicht der hundert bekanntesten Marken der Welt erstellt.

Die Erfolgsgeschichte von Rolex ist eine, die überdauert, ein Fall wie aus dem Lehrbuch. Aber wie kam es dazu, und worauf beruht diese Popularität? Kann der Wunsch, »die Zeit zu wissen«, so stark sein, dass Millionen von Uhren verkauft werden – und zwar nicht nur irgendwelche Uhren, sondern Zeitmesser, die zugleich Status schaffen? Analysten argumentieren, dass eine Marke eine Reihe von immateriellen Attributen und Werten repräsentiert und über ihren Namen, ihre Verpackung, ihren Preis, ihre Geschichte, ihren Ruf und ihre Werbung definiert werden kann. In der Luxusgüterindustrie, zu der Rolex gehört, ist eine Marke gleichbedeutend mit dem Namen der Waren und Dienstleistungen des Unternehmens; alle diese Komponenten ergänzen sich gegenseitig. Wenn das Produkt charakteristische physische Eigenschaften aufweist, wird die Marke, definiert durch Bilder und Assoziationen sowie Konzepte und Ideen, Teil einer Sinneswelt, die über die Fähigkeit verfügt, Begehrlichkeiten zu wecken.

Konkret ist Rolex dank seiner Hightech-Forschungsstätten, der handwerklichen Fertigung und des Kundendienstes für seine hohe Professionalität bekannt. Der Wert der Marke geht jedoch darüber hinaus und weckt positive emotionale Bindungen, die gekonnt gepflegt werden. Die im Laufe der Jahre durchgeführten Marketingstrategien, die Einbeziehung von Testimonials und Botschaftern sowie die gesamte Kommunikation haben dafür gesorgt, dass Rolex-Uhren nicht nur in der Uhrenbranche, sondern auch in einem allgemeineren Kontext als Luxusartikel par excellence wahrgenommen werden.

Rolex beispielsweise ist eine der wenigen Luxusmarken – wenn nicht sogar die einzige –, die eine auf den Massenmarkt ausgerichtete Kommunikation betreibt, auch wenn die Produktion begrenzt ist und die Uhren nur in kleinen Mengen erhältlich sind. Die Marke Rolex zeichnet sich durch eine Vielzahl interessanter Merkmale aus, wie zum Beispiel das Deprivationsmarketing (eine Strategie, um Begehrlichkeit zu steigern), das Branding, die Kundenbindung, gemeinsame Werte und die Kommunikation. Diese werden in dem vorliegenden Buch durch die Analyse von Psychologen, Soziologen und Kommunikationsfachleuten analysiert; jeder von ihnen ist in der Lage, ein Element des komplexen Universums des Genfer Hauses anregend und tiefgründig zu beleuchten. Ebenso wertvoll sind die Beiträge internationaler Spezialisten aus den renommiertesten Auktionshäusern der Welt, die Einblicke in das Phänomen des Sammelns im Zusammenhang mit Rolex geben und teilhaben lassen an ihren Erfahrungen. Aus diesen Gesprächen ist eine Studie entstanden, die die Unternehmensphilosophie untersucht, aber auch selbst philosophisch ist, indem sie eine Reihe von materiellen Prinzipien analysiert und gleichzeitig das »Prinzip« einer unbestimmten Wirklichkeit beobachtet und besser zu verstehen sucht.

Das Emblem der Krone verweist auf etwas Kostbares und Königliches, auf einen Preis, auf eine Form der Gratifikation. Diese mythologische Komponente ist im Fall von Rolex stark ausgeprägt, denn sie wird sowohl als ein stark idealisiertes Objekt als auch als etwas verstanden, das Sehnsüchte und Wünsche wecken kann. Der Mythos hat von Natur aus geheime, nicht explizite Facetten: Er evoziert eher, als dass er definiert, er erzählt eher, als dass er spricht – er winkt auf höchst symbolische Weise, anstatt sich auf dieses oder jenes Modell zu beziehen. Vor allem aber geht es um die Schaffung und Pflege eines Traums: Der Traum von Hans Wilsdorf, dem illustren und begnadeten Gründer von Rolex, hat sich mit Sicherheit erfüllt und dauert fort über die Zeit.

ROLEX
PERPETUAL

DIE GESCHICHTE DER MARKE

ROLEX: ZEITLOS MODERN

Wer über die Fähigkeit verfügt, über das Hier und Jetzt hinauszublicken, über die Grenzen hinauszuschauen, die durch Sitten, Gesellschaft, Wirtschaft oder Logik gesetzt sind, diese Menschen sind in der Lage, innovativ zu denken und ein Konzept zu entwickeln – und schließlich ihre Ideen auch in einen konkreten, vollständigen Plan umzusetzen. Sie betrachten die sie umgebende Situation objektiv und sind in der Lage, sich die Zukunft vorzustellen. Ihre Vision wird nicht nur als Konzept aufbereitet, sondern als Teil der Evolution vergangener Epochen, da ihre Produkte kontinuierlich und unweigerlich übertroffen werden. Diese Menschen sind dazu bestimmt, in einer unendlichen modernen Zeit zu leben und Produkte zu schaffen, die Teil des Fortschritts sind, der sich innerhalb bestimmter ästhetischer Kanons unaufhaltsam erneuert.

Die Geschichte des Rolex-Gründers Hans Wilsdorf mutet an wie eine Erzählung aus dem 19. Jahrhundert. Seine Herkunft ist recht geheimnisvoll: Wilsdorf wurde 1881 in dem deutschen Ort Kulmbach geboren. Laut offizieller Quellen wurde er als kleiner Junge zur Waise, wie auch sein Bruder und seine Schwester. Ein Schicksal, das viele Jugendliche im späten 19. Jahrhundert traf – Coco Chanel zum Beispiel, eine weitere berühmte Persönlichkeit, die die Damenmode für immer verändern sollte, war als kleine Gabrielle Bonheur in einem Kloster aufgewachsen. Das Waisendasein scheint Hans und Gabrielle jedoch keineswegs eingeschränkt zu haben. Vielleicht haben beide in ihrer Entschlossenheit, die Schwierigkeiten des Lebens zu überwinden, sogar die Mittel gefunden, die zu ihrem Erfolg führten. Sicher ist, dass Hans zusammen mit seinen Geschwistern in die Obhut eines Onkels kam, der dafür sorgte, dass er eine gute schulische Ausbildung erhielt, als Grundlage für eine berufliche Perspektive. In dem Internat, das er besuchte, entwickelte Wilsdorf eine besondere Vorliebe für Mathematik und Sprachen, was ihm später Geschäftskontakte im Ausland erleichtern sollte.

Porträt von Hans Wilsdorf als junger Mann.

Hans Wilsdorf (vordere Reihe rechts) steht vor seinem Vater, seine Mutter sitzt zwischen seiner Schwester und seinem Bruder.

Seine erste Berufserfahrung sammelte er bei einer Lehre in einer Perlenexportfirma. Die Verkaufsorganisation des Unternehmens erstreckte sich über den gesamten Globus; bei dieser Arbeit konnte er die erlernten Sprachen anwenden und seine Kenntnisse ausbauen. Diese Fähigkeit sollte sich im Laufe seiner Karriere als wertvoll erweisen.

Im Jahr 1900, im Alter von 19 Jahren, kam der Gründer von Rolex über einen Schulfreund nach La Chaux-de-Fonds in der Schweiz, einem bedeutenden Zentrum der Uhrmacherei.

Seine erste Anstellung fand er bei Cuno Korten, einem Uhrenexportunternehmen, wo Wilsdorf die Korrespondenz mit englischsprachigen Kunden führte. Hier begann er, sich für Uhrwerke und deren Mechanik zu interessieren.

Fasziniert von der Präzision und Genauigkeit der Uhren und in dem festen Glauben an die Potenziale, die diese Industrie bot, zog er nach London. Zusammen mit dem Geschäftsmann und Investor Alfred James Davis gründete er 1905 die Firma Wilsdorf & Davis mit Sitz in 83 Hatton Garden, dem Londoner Juwelenviertel. Im Jahr 1908 heiratete Davis Wilsdorfs Schwester Anna und wurde somit zu dessen Schwager, er scheint jedoch nie aktiv an der Leitung des Unternehmens beteiligt gewesen zu sein.

Hans Wilsdorf bewundert eine Uhr des Hauses.

Ein Metallschild der Firma Wilsdorf & Davis.

Erste Schritte im Unternehmertum

In den Anfängen importierte Wilsdorf & Davis eine Vielzahl von Objekten in unterschiedlichen Preisklassen: Eines der ersten erfolgreichen Produkte war eine Reiseuhr in einem Lederetui. Obwohl damals noch der allgemeine Trend zu Taschenuhren vorherrschte, ahnte Wilsdorf, dass diese bald von Armbanduhren abgelöst werden würden. In der Vade Mecum, einer Sammlung von Broschüren, die 1945 veröffentlicht wurde und die Gründungsgeschichte von Rolex erzählt, erinnert sich Wilsdorf an die Zweifel, die anfänglich in Bezug auf den Erfolg von Armbanduhren geäußert wurden:

»Uhrmacher auf der ganzen Welt blieben skeptisch, was die Möglichkeiten dieses neuartigen Objekts betraf, und glaubten, dass es sich als Fehlschlag erweisen würde.«

»Ihre Argumente gegen die Armbanduhr waren unter anderem die folgenden: [...] der Mechanismus, der für diese Art von Uhr erforderlich ist, muss notwendigerweise klein und zart sein und könnte daher niemals den heftigen Bewegungen von Hand und Arm standhalten [;] Staub und Feuchtigkeit würden den Mechanismus schnell verderben, selbst wenn er gut konstruiert wäre [; und] Genauigkeit und Regelmäßigkeit der Arbeit könnten mit einem so kleinen Uhrwerk niemals erreicht werden.«

Wilsdorf schreibt, er sei stattdessen überzeugt, dass die Armbanduhr der Weg der Zukunft sei. Seiner Meinung nach würden Armbanduhren einen besseren Markt haben als Taschenuhren, zum einen, weil sie anfälliger für Beschädigungen sind (und ersetzt werden müssten), und zum anderen, weil Armbanduhren – anders als Taschenuhren, die von Generation zu Generation weitergegeben werden – Modeartikel sein sollten, die auf den Träger zugeschnitten sind. Die Kunden könnten also eine Reihe von Modifikationen wählen, um sie mit verschiedenen Kleidungsstücken zu kombinieren. Er beschloss, mit seinem Unternehmen genau diese Art von Uhren herzustellen; nun galt es, dafür den richtigen technischen Partner zu finden.

In La Chaux-de-Fonds war Wilsdorf auf die Bieler Uhrenfabrik Aegler gestoßen, die sich auf die Herstellung von kleinen Uhrwerken spezialisiert hatte und für ihre Präzision bekannt war. Dank der mechanisierten Produktionsmethoden verfügte der Hersteller zudem über eine gute Versorgung mit Teilen und Ersatzteilen zu erschwinglichen Preisen.

Wilsdorf ahnte, dass dies der ideale Partner für ihn sein könnte. Im Jahr 1905 reiste er nach Biel, um den Eigentümer Hermann Aegler zu treffen, und sicherte sich die Lieferung einer enormen Anzahl von Armbanduhren, die damals als größte jemals bestellte Menge galt. Laut Vade Mecum handelte es sich bei den ersten Uhren, die im Rahmen dieser Vereinbarung hergestellt wurden, um Herren- und Damenmodelle mit Silbergehäuse und Lederriemen. Der unmittelbare Erfolg nach der Markteinführung veranlasste Wilsdorf, das Sortiment zu erweitern und eine Linie mit Goldgehäusen einzuführen.

Damals war Wilsdorf & Davis kein Uhrenhersteller, sondern kaufte Uhren von Schweizer Herstellern und verkaufte sie über ein Händler-Netzwerk auf dem britischen Markt. Auf diese Weise konnten auch andere internationale Märkte erreicht werden, beispielsweise im asiatischen Raum, der historisch mit dem britischen Empire verbunden war. Während anfangs keine Punze erforderlich war, änderte sich 1907 die britische Gesetzgebung. Die neuen Vorschriften verlangten, dass alle nach England importierten Gold- und Silberuhrengehäuse vor dem Verkauf in Großbritannien vom Goldsmiths' Company Assay Office gekennzeichnet werden mussten. Diese Gesetzesänderung veranlasste Wilsdorf & Davis, das Markenzeichen »W&D« für ihre Uhren zu registrieren. Bei der W&D-Marke handelte es sich um eine Verantwortlichkeitsmarke, die in Großbritannien als »Sponsor's Mark« bezeichnet wird. Kennzeichnend hierfür ist, dass das Unternehmen den Artikel bewirbt, und nicht der Hersteller.

Dieser Bedarf nach einem Erkennungszeichen diente vermutlich als Anreiz, einen Namen zu finden, der das junge Unternehmen besser repräsentierte. Wilsdorf erkannte, dass es profitabler sein dürfte, eine eigene Marke aufzubauen, als lediglich als anonymer Importeur aufzutreten, und begann mit der Entwicklung eines Namens. Schon bald war die Marke geboren, die zu einer der berühmtesten der Welt werden sollte.

Das Rolex Vade Mecum, eine Sammlung von Broschüren aus dem Jahr 1945, die die Geschichte der Gründung von Rolex erzählen.

Die geheimnisvolle Geburt der Marke Rolex

Wilsdorfs modernes Denken zeigte sich auch bei der Wahl der Marke. Historische Uhrenmanufakturen der Spitzenklasse tragen in der Regel den Namen des Gründers oder eines Unternehmerpaares, das das Unternehmen ins Leben gerufen hat. Für Wilsdorf, dessen Nachname deutschen Ursprungs und nicht leicht auszusprechen war, kam dies nie infrage. Im November 1907 meldete Wilsdorf die Namen Lusitania und Mauretania an, beides Namen von großen Luxusdampfern, die im Interkontinentalverkehr unterwegs waren.

1908: Hans Wilsdorf (links) in einem von Pferden gezogenen Omnibus.

Zudem ließ er die Bezeichnung The Eastern Watch registrieren. Keiner dieser drei Namen wurde jedoch jemals verwendet: In der Vade Mecum erklärte der Unternehmer, dass er einen Namen wollte, der leicht zu merken und in möglichst vielen Sprachen auszusprechen war, aber keine spezifische Bedeutung hatte. Er musste kurz genug sein und aus gleich großen Buchstaben bestehen, um ästhetisch mit den Zifferblättern und Uhrwerken der Zeitmesser zu harmonieren.

»Ich habe versucht, die Buchstaben des Alphabets auf alle möglichen Arten zu kombinieren«, schreibt Wilsdorf in seinen Memoiren. »Das ergab einige Hundert Namen, aber keiner von ihnen fühlte sich richtig an.«

An dieser Stelle endet die logische Herangehensweise. Nach Wilsdorfs Erzählung entstand die Marke vielmehr als plötzlicher Gedanke, der ihm eines Morgens in der Londoner City während einer Fahrt mit einem Pferdeomnibus kam: »Rolex«. Diese Geschichte scheint nahezu unwahrscheinlich. Doch jeder, der schon einmal kreativ tätig war, weiß, dass der Verstand so funktioniert: Nach einer langen Phase der Konzentration und einer Reihe von logischen Überlegungen ist das plötzliche Auftauchen einer Idee gar nicht so ungewöhnlich, sondern das Resultat einer Zusammenarbeit zwischen dem Bewussten und dem Unbewussten, die oft zu hervorragenden Ergebnissen führt. Im Fall der Marke Rolex, die 1908 von Wilsdorf & Davis in La Chaux-de-Fonds als Markenzeichen eingetragen wurde, war dies sicherlich außergewöhnlich. Einige Wissenschaftler mutmaßten, dass der Name von den Worten »hoROLogie d'EX-cellence« abgeleitet wurde – was möglich, aber nicht so bedeutsam ist. Viel wichtiger war die Strategie, mit der die Marke ins Rampenlicht gerückt werden sollte.

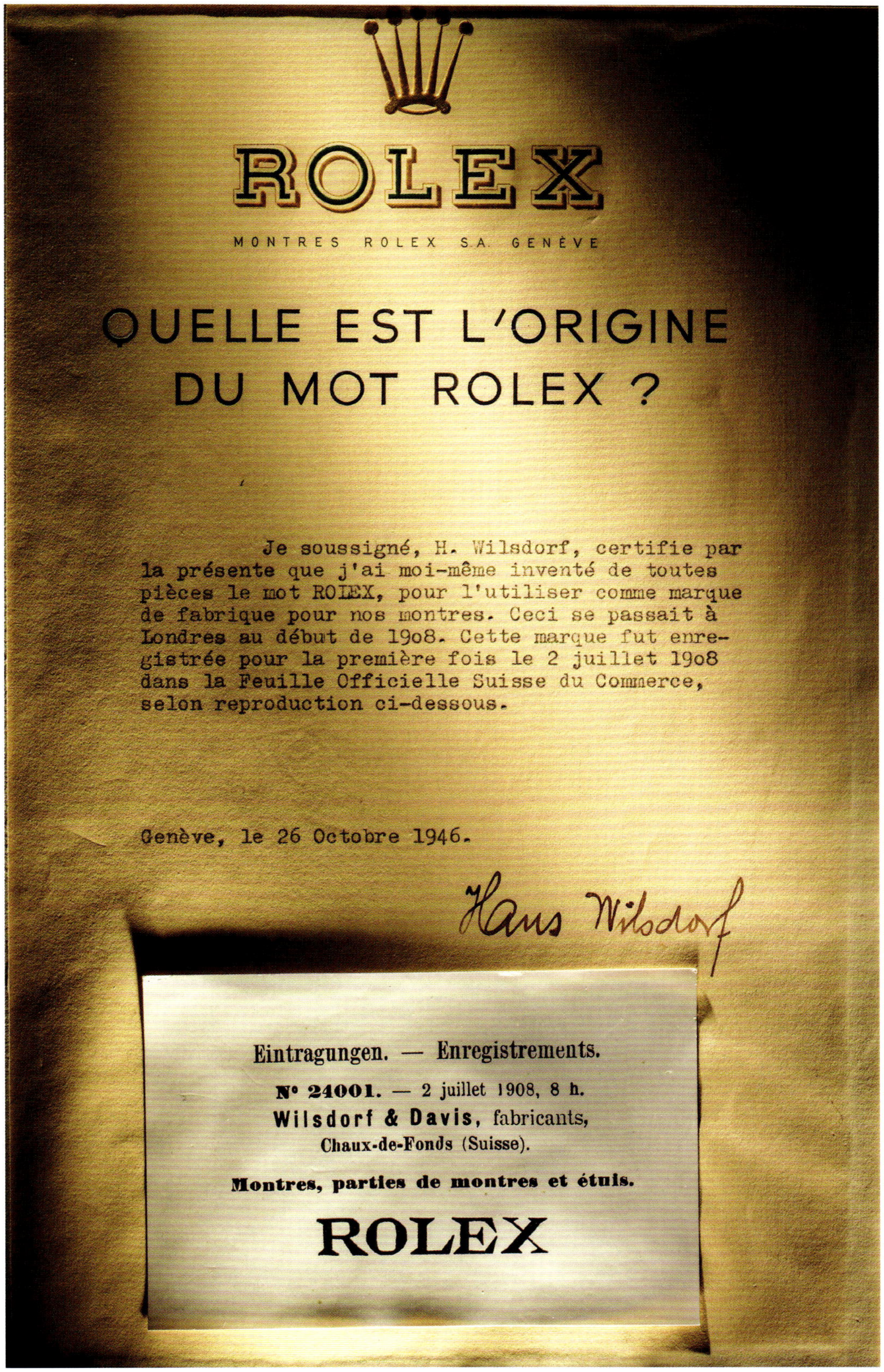

ROLEX

MONTRES ROLEX S.A. GENÈVE

QUELLE EST L'ORIGINE DU MOT ROLEX ?

Je soussigné, H. Wilsdorf, certifie par la présente que j'ai moi-même inventé de toutes pièces le mot ROLEX, pour l'utiliser comme marque de fabrique pour nos montres. Ceci se passait à Londres au début de 1908. Cette marque fut enregistrée pour la première fois le 2 juillet 1908 dans la Feuille Officielle Suisse du Commerce, selon reproduction ci-dessous.

Genève, le 26 Octobre 1946.

Hans Wilsdorf

Eintragungen. — Enregistrements.

N° 24001. — 2 juillet 1908, 8 h.
Wilsdorf & Davis, fabricants,
Chaux-de-Fonds (Suisse).

Montres, parties de montres et étuis.

ROLEX

1908: Die Marke Rolex wird eingetragen.

Rolex wurde zum Markenzeichen von Wilsdorf & Davis, und Wilsdorf forderte Aegler umgehend auf, das neue Logo auf allen seinen Uhren zu verwenden. Aegler sträubte sich zunächst, da er weiterhin seinen eigenen Namen verwenden wollte, willigte aber schließlich ein, auch weil er kein Exklusivlieferant von Wilsdorf & Davis war. Wilsdorf war bestrebt eine Marke zu schaffen, die seine Produkte von allen anderen unterschied, auch wenn sie zu jener Zeit genauso gut die gleichen Uhrwerke hätten beinhalten können.

Rückkehr in die Schweiz

London war das Exportzentrum für die Uhren von Wilsdorf & Davis, sowohl für die Märkte in Übersee als auch für den Vertrieb in Großbritannien. Bis 1914 war das Unternehmen so stark gewachsen, dass es große Büroräume belegte und über sechzig Mitarbeiter beschäftigte. Die Rolex Watch Company, Limited wurde im November 1915 als Gesellschaft mit beschränkter Haftung in London gegründet.

Im September 1915 verhängte die britische Regierung aufgrund der Beschränkungen, die sich aus dem weltweiten Konflikt in Europa ergaben, einen Zoll von über 33 Prozent auf importierte Luxusgüter, zu denen auch Uhren gehörten: Jede Uhr, die nach Großbritannien gelangte, und sei es auch nur zur Inspektion vor der anschließenden Ausfuhr ins Ausland, unterlag diesem hohen Steuersatz. Im Dezember 1916 wurde die Einfuhr aller Gold- und Silberwaren, einschließlich goldener Uhren und Uhrengehäuse, verboten; die Bestimmung galt jedoch nicht für silberne Uhren und Uhrengehäuse.

Angesichts der Zölle und des Einfuhrverbots von Golduhrengehäusen zeigte sich erneut Wilsdorfs Unternehmergeist. Er reagierte auf verschiedene Weise: Zum einen vergrößerte er das Schweizer Büro, indem er es von La Chaux-de-Fonds nach Biel verlegte. So sorgte er dafür, dass alle Uhren, die für andere Länder als Großbritannien bestimmt waren, nicht mehr über London laufen mussten und stattdessen direkt aus der Schweiz verkauft wurden. Zum anderen begann er, mit englischen Herstellern von Goldgehäusen zusammenzuarbeiten. Letztere durften nicht importiert werden – nur die Uhrwerke kamen aus der Schweiz und wurden auf englischem Boden in die Gehäuse eingebaut. Im Jahr 1919 beschloss er, den Londoner Hauptsitz von Rolex nach Genf zu verlegen, wobei er Großbritannien weiterhin als Zielmarkt des Unternehmens betrachtete.

Der Aufstieg der Marke Rolex

Der Name Rolex tauchte erst allmählich auf den Zifferblättern der Uhren auf. Das Markenbewusstsein war vor allem in Großbritannien schwierig, wo traditionell die Marke des Händlers auf dem Zifferblatt erschien. Obwohl das Uhrwerk und das Gehäuse mit der Marke Rolex gekennzeichnet waren, warf der Kunde nur selten – wenn überhaupt – einen Blick in das Innere der Uhr und konnte den Markennamen daher nicht identifizieren. Andererseits war der Name Rolex zu Beginn der Geschäftstätigkeit neu und unbekannt, während die meisten Geschäfte, die Uhren verkauften, bereits auf eine lange Firmengeschichte zurückblicken konnten. Daher hätten die Menschen natürlich mehr Vertrauen in eine Uhr mit der Aufschrift »Asprey« oder »Harrods« als in eine mit dem unbekannten Namen »Rolex«.

Wilsdorf war sich bewusst, dass er mehr Aufträge erhalten und eine bessere Kontrolle über die Preisgestaltung seiner Uhren erhalten könnte, wenn es ihm gelingen würde, die Nachfrage zu steigern, sodass die Kunden dann ein Geschäft betreten, um konkret eine Uhr der Marke Rolex zu verlangen – oder besser noch, darauf zu bestehen.

Um die Kunden noch näher mit der Marke vertraut zu machen, entschied sich Wilsdorf für eine Beschriftung auf dem Boden seiner Uhren, aber auch das reichte nicht aus. So begann er 1921 damit, bestimmte Uhren mit dem Namen Rolex auf dem Zifferblatt auszuliefern. Zu dieser Zeit wurden die Uhren in kleinen Schachteln mit jeweils sechs Uhren verschickt. Zunächst trug nur eine Uhr in jeder Schachtel den Namen Rolex auf dem Zifferblatt. Später stieg die Anzahl der Markenuhren auf zwei, und nach und nach erhöhte sie sich auf sechs. Im Jahr 1925 ließ Rolex das Kronensymbol als Markenzeichen eintragen.

Wie er im Vade Mecum erklärt, hatte Wilsdorf erhebliche Schwierigkeiten, die britischen Händler davon zu überzeugen, den Aufdruck »Rolex« auf den Zifferblättern zu akzeptieren. »Trotz der Qualitäten dieses Markennamens brauchte es 20 Jahre harter Arbeit, bis die Idee in England akzeptiert wurde. Zuerst wagte ich es, ihn auf eine von sechs Uhren zu schreiben, dann auf zwei und später auf drei von sechs. Dieser halbe Erfolg war immer noch nicht zufriedenstellend, und wir wussten, dass es noch viele Jahre dauern würde, um die gewünschten Ergebnisse zu erzielen.«

»Des Wartens überdrüssig, beschloss ich 1925, die Marke ›Rolex‹ mittels einer intensiven Werbekampagne einzuführen. Diese Strategie erforderte jährliche Ausgaben von mehr als 12.000 britischen Pfund – nicht nur für ein Jahr, sondern für mehrere aufeinanderfolgende. Eines der Ergebnisse war, dass sich die Händler darauf einigten, dass von sechs Uhren zunächst vier, später fünf den Namen ›Rolex‹ tragen sollten.«

Frühe Uhren mit dem Namen Rolex, sowohl auf dem Zifferblatt als auch im Inneren des Gehäuses.

Oben: Aufbau des Oyster-Gehäuses, 1926.

Rechts: Ein Oyster Modell. Die Oyster, die erste wasserdichte Armbanduhr der Welt, spielte eine Vorreiterrolle bei der Entwicklung der modernen Armbanduhr.

»Endlich, im Jahr 1927, wurde die wasserdichte ›Rolex-Oyster‹ auf den Markt gebracht, und wir konnten nun endgültig verkünden, dass in Zukunft keine unserer Uhren mehr unser Werk ohne unseren Namen auf dem Zifferblatt, im Gehäuse und auf dem Uhrwerk verlassen würde.«

Wilsdorf initiierte eine markenfördernde Kommunikationsstrategie, die ihren Höhepunkt am 24. November 1927 erreichte, als eine ganzseitige Anzeige auf dem Titel der Daily Mail erschien: »Rolex stellt [...] den größten Triumph der Uhrmacherkunst vor – die Wunderuhr, die den Elementen trotzt«. Mit seinen Branding- und Werbekampagnen gelang es Wilsdorf, den Spieß umzudrehen: Er musste nicht länger die Händler bitten, seine Uhren zu verkaufen. Vielmehr fragten die Kunden nach Uhren der Marke Rolex, und die Händler mussten sich an ihn wenden, um sie zu bekommen. Das war der Beginn einer Strategie, die erfolgreich in die Gegenwart übertragen wurde. Wilsdorf hatte auch andere Marken geschaffen, wie zum Beispiel Unicorn, Marconi, Rolco und Tudor für Produkte im unteren Preissegment, während der Name Rolex nur für Produkte der oberen Preisklasse verwendet werden sollte. Im Laufe der Zeit erkannte er jedoch, dass es keine gute Idee gewesen war, diese Marken bekannt zu machen, da sie der Marke Rolex Umsatz entzogen. Je bekannter die Marken wurden, desto mehr schwächte sich die Wirkung des kostspieligen Marketings ab, das darauf abzielte, das Prestige, das mit dem Besitz einer Rolex einherging, zu steigern. So wurde der Name des Unternehmens allmählich von den anderen Marken abgekoppelt.

ROLEX OYSTER

Der Erfolg einer wagemutigen Idee

Im Vade Mecum schreibt Wilsdorf: »Als Nächstes kam die Idee auf, dehnbare Armbänder zu verwenden, die eine bedeutende Schmuckfirma erfunden und etwa 1906 auf den Markt gebracht hatte. Auch dies fand die Zustimmung unserer britischen Kundschaft. Ab diesem Zeitpunkt wurde unsere kleine Golduhr im ganzen Empire immer beliebter.«

Das von dem Rolex-Chef erwähnte große Schmuckunternehmen war Edwin Harrop; er hatte das dehnbare Britannic-Armband patentiert und benannt. Wilsdorf verstand sehr gut, dass diese Art von Armband für den Vertrieb von Armbanduhren nützlich war und bemerkte, dass »[...] aus einer scheinbar tollkühnen Idee eine neue Mode und ein großer kommerzieller Erfolg entstanden ist. Bald erhielten wir Aufträge für Zehntausende von Exemplaren; Unwissenden müssen wir als äußerst verwegene junge Leute erschienen sein.« Der anfängliche Erfolg der Rolex-Armbanduhren war zumindest teilweise auf dieses Armband zurückzuführen, das viele Jahre lang, mindestens bis 1964, produziert wurde.

Die Armbänder wurden in erster Linie für Damen entwickelt. Ein Versuch von Harrop, während des Ersten Weltkriegs ein ähnliches Armband unter der Marke »Army« auf den Markt zu bringen – ein Metallarmband, das gegenüber Lederarmbändern insbesondere bei Nässe und in schlammiger Umgebung Vorteile bot –, kam in der Öffentlichkeit nicht gut an, da es mit weiblichen Produkten assoziiert wurde.

Vor dem Ersten Weltkrieg wurden nur sehr wenige Armbanduhren an Männer verkauft, da diese sie als Armbänder und damit als Damenuhren betrachteten. Eine Ausnahme bildeten die Militärs, die es bequem fanden, die Zeit auf Armbanduhren abzulesen. Es gibt aber keine Dokumente, die belegen, dass Rolex Uhren für das Militär produzierte, und auch nicht, dass Wilsdorf an dieser Marktnische interessiert war. Dennoch war er vom Erfolg der Armbanduhren überzeugt und konzentrierte sich auf die Entwicklung und Vermarktung von technisch immer komplexeren Modellen. Von Anfang an forderte Wilsdorf seine Techniker auf, sich auf die Schlüsselelemente zu konzentrieren, die eine Rolex auch heute noch kennzeichnen: Robustheit, Präzision und Qualität.

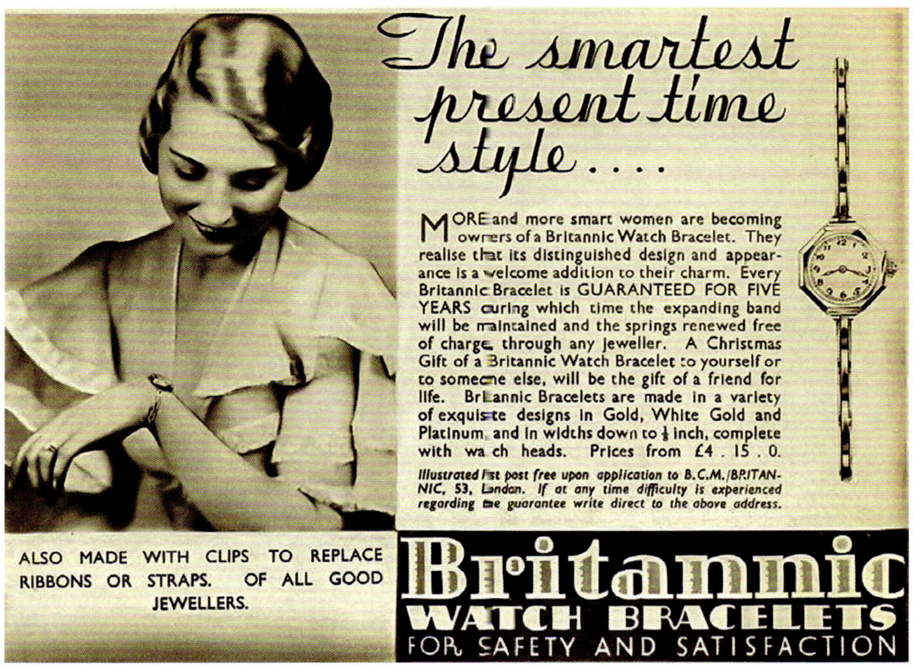

Links: Eine Zeitungsanzeige für neue Damenarmbanduhren, in der eine Rolex-Uhr mit Edwin Harrops dehnbarem Armband-Modell »Britannic« vermählt wird.

Rechts: 1914. Eine Rolex-Armbanduhr, die dem Exemplar entspricht, das 1914 vom Kew Observatory als Chronometer der Klasse »A« zertifiziert wurde.

ROLEX

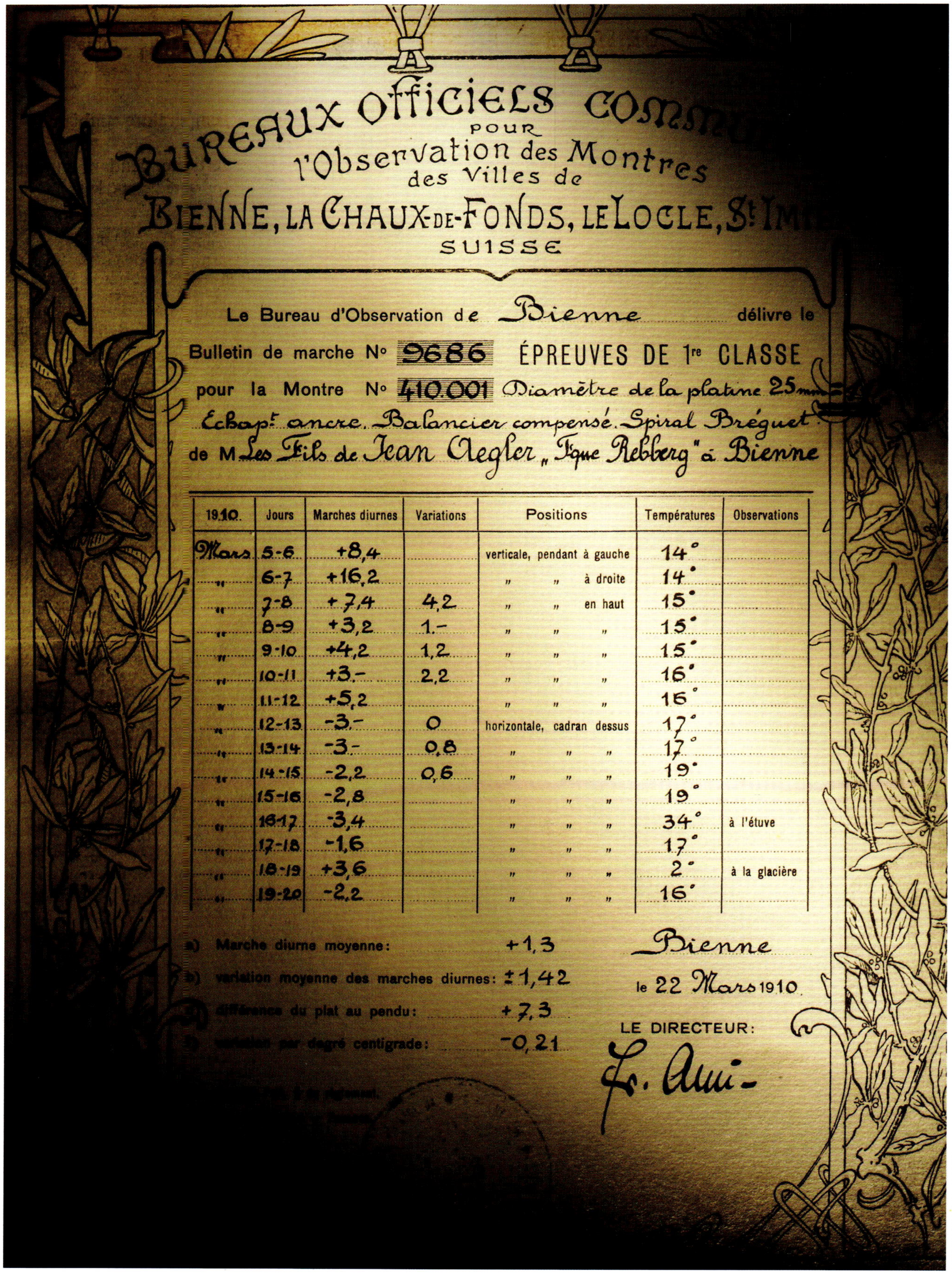

BUREAUX OFFICIELS COMMUNS
POUR
l'Observation des Montres
des Villes de
BIENNE, LA CHAUX-DE-FONDS, LE LOCLE, St IMIER
SUISSE

Le Bureau d'Observation de Bienne délivre le

Bulletin de marche No 9686 ÉPREUVES DE 1re CLASSE

pour la Montre No 410.001 Diamètre de la platine 25mm

Echapt ancre. Balancier compensé. Spiral Bréguet.

de M. Les Fils de Jean Aegler „Fque Rebberg" à Bienne

1910	Jours	Marches diurnes	Variations	Positions	Températures	Observations
Mars	5-6	+8,4		verticale, pendant à gauche	14°	
"	6-7	+16,2		" " à droite	14°	
"	7-8	+7,4	4,2	" " en haut	15°	
"	8-9	+3,2	1.-	" " "	15°	
"	9-10	+4,2	1,2	" " "	15°	
"	10-11	+3.-	2,2	" " "	16°	
"	11-12	+5,2		" " "	16°	
"	12-13	-3.-	0	horizontale, cadran dessus	17°	
"	13-14	-3.-	0,8	" " "	17°	
"	14-15	-2,2	0,6	" " "	19°	
"	15-16	-2,8		" " "	19°	
"	16-17	-3,4		" " "	34°	à l'étuve
"	17-18	-1,6		" " "	17°	
"	18-19	+3,6		" " "	2°	à la glacière
"	19-20	-2,2		" " "	16°	

a) Marche diurne moyenne: +1,3

b) variation moyenne des marches diurnes: ±1,42

c) différence du plat au pendu: +7,3

d) variation par degré centigrade: -0,21

Bienne le 22 Mars 1910.

LE DIRECTEUR:
L. Aui-

Das Streben nach Präzision

Wilsdorf legte großen Wert darauf, Zertifikate von unabhängigen Prüfinstituten zu erhalten. Diese waren im 19. Jahrhundert gegründet worden, um die Leistung von Marinechronometern zu testen und zu zertifizieren. Später überprüften sie auch die Funktionsfähigkeit anderer Uhrentypen.

Der Perfektionist Wilsdorf drängte die Aegler-Spezialisten immer wieder dazu, die chronometrische Präzision der Uhren, die sie für Rolex produzierten, zu verbessern. Im Jahr 1910 stellte das Bureau Officiel de Contrôle de la Marche des Montres in Biel (Schweiz) einer Rolex-Armbanduhr das weltweit erste Chronometer-Zertifikat für einen Zeitmesser dieser Art aus.

Am 15. Juli 1914 wurde einer kleinen Rolex-Armbanduhr mit 11 Linien (25 mm Durchmesser) vom renommierten Kew Observatory in England ein Zertifikat der Klasse »A« für Präzision verliehen – das erste Mal überhaupt, dass eine Armbanduhr eine solche Auszeichnung erhielt. Wilsdorf bezeichnete dies als einen wichtigen Tag in der Entwicklung des Unternehmens, den er nie vergessen werde. Von diesem Zeitpunkt an soll Wilsdorf Aegler aufgefordert haben, sämtliche Rolex-Typen chronometrischen Tests zu unterziehen. Die Fähigkeit einer Armbanduhr, die Zeit genauestens wiederzugeben, konnte nicht länger infrage gestellt werden.

Im Jahr 1941 erhielt die Rolex Watch Company in Biel einen vom 3. Oktober datierten Brief des Schweizer Bureau Officiel de Contrôle de la Marche des Montres, in dem bestätigt wurde, dass an diesem Tag ein 9¾«-Chronometer-Armband Nr. 96717 seine Prüfung bestanden hatte: Die 20.000ste Rolex-Uhr seit Juni 1927 war endlich fertiggestellt.

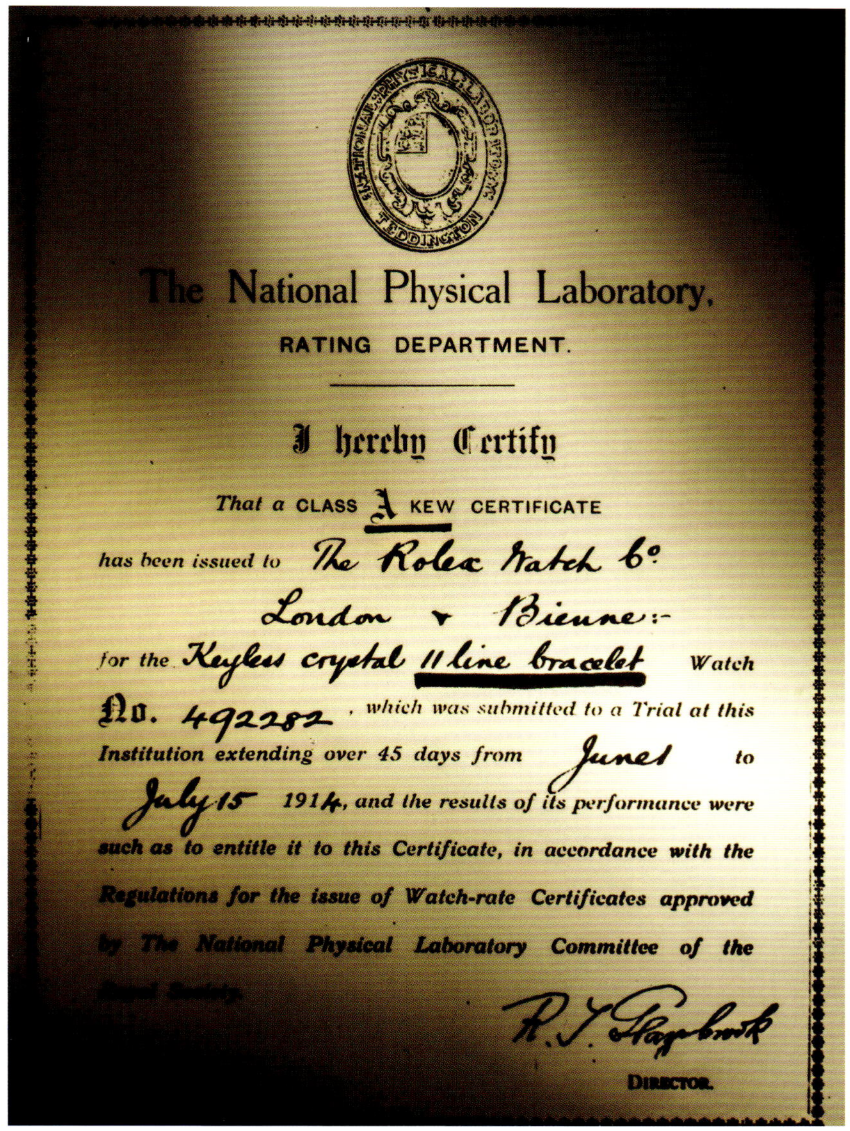
The National Physical Laboratory.

RATING DEPARTMENT.

I hereby Certify

That a CLASS A KEW CERTIFICATE has been issued to The Rolex Watch Co London & Bienne:- for the Keyless crystal 11 line bracelet Watch No. 492282 which was submitted to a Trial at this Institution extending over 45 days from June 1 to July 15 1914, and the results of its performance were such as to entitle it to this Certificate, in accordance with the Regulations for the issue of Watch-rate Certificates approved by The National Physical Laboratory Committee of the Royal Society.

R. T. Glazebrook

DIRECTOR.

Links: 1910. Die erste Armbanduhr, die mit dem Schweizer Zertifikat für chronometrische Präzision – ausgestellt vom Bureau Officiel de Contrôle de la Marche des Montres in Biel – ausgezeichnet wurde, war eine Rolex.

Oben: 1914. Vier Jahre später verlieh das Kew Observatory einer Rolex-Armbanduhr ein Zertifikat der Klasse »A« für Präzision, ein Privileg, das bis dahin ausschließlich Marinechronometern vorbehalten war.

Ehrgeizige Ziele

Das vom Kew Observatory verliehene Präzisionszertifikat der Klasse »A« spornte Wilsdorf an, sich auch mit anderen komplexen Eigenschaften von Armbanduhren zu beschäftigen. Anders als eine Taschenuhr ist eine Armbanduhr Stößen, Feuchtigkeit und Staub ausgesetzt.

In seinen Aufzeichnungen ist zu lesen: »Meinen technischen Assistenten habe ich von Anfang an immer wieder gesagt: ›Es muss uns gelingen, ein Uhrengehäuse so dicht zu machen, dass unsere Uhrwerke dauerhaft gegen Schäden durch Staub, Schweiß, Wasser, Hitze und Kälte geschützt sind.‹ Nur dann ist die perfekte Ganggenauigkeit der Rolex-Uhr gewährleistet.«

Wilsdorf war nicht der Erste, der versuchte, eine wasserdichte Uhr zu entwickeln, aber er war der Erste, dem es gelang, eine solche Uhr auf den Markt zu bringen und einen großen kommerziellen Erfolg zu erzielen.

Im Januar 1921 erhielt Jean Finger, ein Uhrgehäusemacher aus Lengnau bei Bern, ein Patent für eine »montre à remontoire avec boitier protecteur«, wörtlich »eine Uhr mit Handaufzug und Schutzgehäuse«. Diese Lösung hatte den Vorteil der Einfachheit: Die Uhr wurde in ein größeres Gehäuse mit einer verschraubten Lünette eingebaut, die sie vor der äußeren Umgebung schützte. Dieses Gehäuse erzielte zwar die gewünschte Wasserdichtheit hatte aber den gravierenden Nachteil, dass die Lünette des äußeren Gehäuses jeden Tag abgeschraubt werden musste, um die Uhr aufzuziehen.

Die Marke »Submarine« wurde am 31. März 1922 von der Rolex Watch Company eingetragen, vermutlich kurz nachdem Wilsdorf die Rechte an Fingers Patent erworben hatte. Dieses Projekt stellte jedoch nur die erste Phase der Forschung dar, die darauf abzielte, eine vollständig wasserdichte und einfach zu bedienende Uhr zu schaffen. Um diese Intention zu erreichen, lässt sich Wilsdorf von den Projekten anderer Konstrukteure inspirieren, die er erheblich verbessert, um sie praktischer und zuverlässiger zu machen. Im Jahr 1903 hatte der Schweizer Uhrenkonstrukteur François Borgel ein dreiteiliges, verschraubtes Gehäuse entworfen; um es wasserdicht zu machen, war jedoch auch eine Krone erforderlich. Wilsdorf bezog sich auf die Forschungen von Paul Perregaux und Georges Perret, zwei Uhrmachern aus La Chaux-de-Fonds, die 1925 die verschraubte Krone entwickelt hatten. Nachdem Wilsdorf die Rechte an den Erfindungen von Perregaux und Perret erworben hatte, ließ er eine verschraubte Krone entwerfen und patentieren, sie war mit einer äußeren Dichtung versehen, die ihre Wasserdichtheit garantierte. Im Jahr 1926 brachte Rolex eine neue Uhr mit verschraubter Krone und wasserdichtem Gehäuse auf den Markt. Sie wurde Oyster genannt, da sie, wie Wilsdorf sagte, »wie eine Auster eine unbegrenzte Zeit unter Wasser bleiben kann, ohne dass ihre Teile beschädigt werden«.

1927: Das erste Gesicht von Rolex, Mercedes Gleitze, die den Ärmelkanal durchschwamm, auf der Titelseite der Daily Mail.

Daily Mail
FOR KING AND COUNTRY
THURSDAY, NOVEMBER 24, 1927.
Rolex … for the first …
the greatest … in Watch-making
ROLEX 'OYSTER'
The Wonder Watch that Defies the Elements.
MOISTURE PROOF
WATER PROOF
HEAT PROOF
VIBRATION PROOF
COLD PROOE
DUST PROOF
BEING hermetically sealed the Rolex 'Oyster' is proof against changes of climate, dust, water, damp, heat, moisture, cold, sand or grease; it can, in consequence, be worn in the sea or bath without injury, nor would arctic or tropical conditions affect the wonderful precision of its beautifully poised movement. The introduction of the Rolex 'Oyster' model marks an unique development in the forward stride of the chronometric science, and perfect timekeeping under all conditions is at last a possibility.
Copyriyht by Pacific and Atlantic Photos, Ltd.
Miss Mercedes Gleitze carried an 'Oyster' throughout her recent Chann el Swim. More than ten hours of submersion under the most trying conditions failed to harm its perfect timekeeping, No moisture had penetrated and not the slightest corrosion or condensation was revealed in the subsequent examination of the Watch.
A HANDSOMELY printed, fully informative Brochure illustrating the entire range of OYSTER Models available, together with the name of nearest jeweller stocking ROLEX Watches, sent post free to any reader who makes application by postcard or letter, giving name and address to our London Office:
THE ROLEX WATCH CO. Ltd.
40/44, Holborn Viaduct, London, E.C.4.
Send for this coloured Brochure it's FREE!
THE ROLEX OYSTER
ROLEX OYSTER PRICES
The Silver: £5.15.0
9-ct. Gold: £10.10.0
18-ct. Gold: £15.15.0
Fitted with good quality strong leather straps for Men, or Moire Silk bands for Women. If fitted with the fashionable new "FRAYPRUF" (regd.) Woven Flexible Wire Milanese Gold-Filled Bands (White or Yellow) 20/- extra to above.
For MEN or WOMEN.
THE ROLEX WATCH CO. LTD.
WATERPROOF WATCH

Um im folgenden Jahr die außergewöhnlichen Qualitäten der Oyster zu bewerben, wählte Wilsdorf einen für die damalige Zeit neuen und originellen Ansatz. Nachdem er erfahren hatte, dass eine junge Sekretärin namens Mercedes Gleitze aus Brighton sich darauf vorbereitete, den Ärmelkanal zu durchschwimmen, und dass sie im Fall eines Erfolgs die erste britische Frau sein würde, die dieses Kunststück vollbringen würde, bat er sie, eine Oyster zu tragen, um die makellosen wasserdichten Eigenschaften der Uhr zu demonstrieren.

Nach Gleitzes zermürbendem Schwimmen durch das eisige Wasser schrieb ein Reporter der britischen Zeitung The Times, dass »Miss Gleitze eine kleine goldene Uhr trug, von der sich herausstellte, dass sie [...] die ganze Zeit über die Uhrzeit gut angezeigt hatte«. Einen Monat später, am 24. November 1927, brachte Wilsdorf in Großbritannien die Rolex Oyster auf den Markt und schaltete hierzu eine Anzeige auf der Titelseite der Daily Mail – der Beginn des Siegeszugs der Oyster.

1927: Eine Rolex Oyster begleitet die junge britische Schwimmerin Mercedes Gleitze bei der Durchquerung des Ärmelkanals. Das Schwimmen dauerte mehr als zehn Stunden, und die Uhr blieb währenddessen in ausgezeichnetem Zustand.

Wilsdorf hatte auch in diesem Fall eine unkonventionelle Wahl getroffen, indem er eine Sportlerin als Werbeträgerin für seine Produkte einsetzte. Dieses Ereignis war die Geburtsstunde des Konzepts der Produktwerbung mit Prominenten. Zugleich war es der Beginn einer ebenso langen wie fruchtbaren Partnerschaft zwischen Rolex und außergewöhnlichen Persönlichkeiten, deren besondere Taten immer wieder die Exzellenz der Rolex-Uhren unter Beweis stellten. Zudem verliehen sie einer Werbung aus dem Jahr 1927 Glaubwürdigkeit, wonach die Oyster im Meer oder in der Badewanne getragen werden konnte, ohne Schaden zu nehmen. Auch arktische oder tropische Bedingungen beeinträchtigten demnach nicht die einzigartige Präzision des wunderbar ausbalancierten Uhrwerks.

Wilsdorf war kein Uhrmacher, aber er war sicherlich ein Marketing-Genie. Er war bereit, so viel in die Werbung für den Namen Rolex zu investieren, dass es ihm in den 1920er-Jahren gelang, in kurzer Zeit eine berühmte Marke zu etablieren, obwohl diese vor 1908 noch nicht einmal existiert hatte.

Das Oyster-Gehäuse wurde 1926 patentiert. Dank seines Systems aus Lünette, Gehäuseboden und Aufzugskrone, die alle mit dem mittleren Gehäuse verschraubt sind, ist es vollkommen hermetisch. So ist das Innere der Uhr vor Beschädigungen durch äußere Einflüsse geschützt.

Eine immerwährende Uhr

Nachdem das Problem der Wasserdichtigkeit gelöst war, stand Wilsdorf vor der Herausforderung des Aufziehens. Bei herkömmlichen Uhren musste der Besitzer jeden Tag die Krone aufschrauben, um die Uhr aufzuziehen, was zwei große Schwierigkeiten mit sich brachte: Erstens bestand die Gefahr, dass die Krone nicht wieder festgeschraubt wurde, sodass die Uhr nicht mehr hermetisch abgedichtet war. Zweitens nutzten sich die Dichtungen mit der Zeit ab, und die Uhr verlor ihre Dichtigkeit. Rolex löste diese Probleme 1931 mit der Einführung des »Perpetual«-Automatikwerks.

Das Konzept der Automatikuhr wurde erstmals in der zweiten Hälfte des 18. Jahrhunderts eingeführt. Der Schweizer Uhrmacher Abraham-Louis Perrelet hatte Ende 1775 oder Anfang 1776 eine Uhr mit Selbstaufzug entwickelt. Der Aufzugsmechanismus funktionierte nach dem gleichen Prinzip wie bei einem Schrittzähler, mit einer sich hin und her bewegenden Schwungmasse im Inneren der Uhr, die sich beim Gehen des Trägers auf und ab bewegte und über eine Reihe von Zahnrädern die Antriebsfeder aufzog. Der Pariser Uhrmacher Abraham-Louis Breguet verbesserte den Mechanismus und nannte seine Uhren »perpétuelles«, das französische Wort für »immerwährend«.

Die erste Armbanduhr mit Automatikaufzug wurde 1923 von einem Uhrmacher namens John Harwood auf der Isle of Man entwickelt. Das Harwood-System verwendete ein halbkreisförmiges Gewicht, das sich im Zentrum der Bewegung drehte und in einem 300-Grad-Bogen schwenkte, wenn der Träger sein Handgelenk oder seinen Arm bewegte. Zudem zog es über ein Räderwerk die Antriebsfeder auf. Vollständig aufgezogen konnte die Uhr zwölf Stunden lang laufen. Sie besaß keine traditionelle Krone, und die Zeiger wurden durch Drehen der Lünette um das Zifferblatt bewegt. Harwoods Uhren kamen 1928 in den Handel. Sie waren jedoch auf dem Markt nicht sehr erfolgreich, und es wurden nur etwa 30.000 Stück produziert. Das Unternehmen Harwood wurde 1931 während der Weltwirtschaftskrise geschlossen, und obwohl das Patent weiterhin existierte, gab es niemanden, der es besaß. Daher stand es anderen Unternehmen frei, ihre eigenen Versionen des Automatikwerks zu entwickeln. Emile Borer, Neffe und Nachfolger von Hermann Aegler sowie Leiter der Forschungs-und Entwicklungsabteilung der Bieler Fabrik, griff den Entwurf von Harwood auf und verwendete ihn als Grundlage für einen Automatikaufzug. Der 1931 von Rolex vorgestellte und patentierte Perpetual-Rotor bestand aus einer halbmondförmigen Schwungmasse, die bei der geringsten Bewegung des Handgelenks aufgrund der Erdanziehung in beide Richtungen schwang. Dank des rotorbetriebenen Selbstaufzugsmechanismus war es nicht mehr notwendig, die Uhr jeden Tag von Hand aufzuziehen, und die Krone diente nun hauptsächlich zum Einstellen der Uhrzeit. Da dies aufgrund der Präzision der Uhr nicht oft geschehen musste, war die Wasserdichtheit nicht gefährdet. So waren die Rolex-Oyster-Perpetual-Uhren nicht nur genau, sondern auch langlebig.

Das Perpetual-Uhrwerk.

Rekordverdächtige Zeitmesser

Nach dem Erfolg der Anzeigen im Zusammenhang mit der Leistung von Mercedes Gleitze engagiert Wilsdorf verschiedene Persönlichkeiten aus dem Sport, um für die Oyster zu werben. In einer Anzeige, die am 18. Juni 1930 in der Zeitschrift Punch erschien, wurde ein Brief des berühmten Rennfahrers Captain Malcolm Campbell abgedruckt, der bei einem Rennen eine Rolex Oyster genutzt hatte: »Sehr geehrte Damen und Herren, ich trage meine Rolex-Uhr nun schon seit einiger Zeit, und sie hält unter ziemlich anstrengenden Bedingungen perfekt die Zeit. Ich habe sie anlässlich des J.C.C. Double 12 Hours Race am vergangenen Freitag und Samstag getragen, und die Vibrationen, die diese Uhr aushalten musste, waren sehr stark. Während der gesamten Zeit zeigte die Uhr nicht die geringste Beeinträchtigung der Zeitmessung. Ich möchte Sie dazu beglückwünschen, dass Sie eine erstklassige Uhr hergestellt haben, die für eine wirklich raue Behandlung geeignet ist. Mit freundlichen Grüßen, M. Campbell.«

Eine Rolex Oyster trug Campbell im Jahr 1935 am Handgelenk, als er in seinem Rennwagen auf den Bonneville Salt Flats eine Geschwindigkeit von über 300 Meilen pro Stunde erreichte und damit den Weltrekord für Landgeschwindigkeiten aufstellte. Als der Mount Everest 1933 zum ersten Mal überflogen wurde, war die Besatzung mit Rolex-Uhren ausgestattet, die sich auch im Flug bewährten. Im Laufe der Jahre hat Rolex seinen Namen häufig mit großen Leistungen, Rekorden und Sportereignissen verbunden.

Die Oyster wird von britischen Fliegern und Rennfahrern getragen.

Zwei Werbeanzeigen für das Modell Oyster. In der einen wird die Leistung des Bergsteigers Hugh Ruttledge gewürdigt, der 1933 und 1936 Everest-Expeditionen leitete. Die zweite zeigt einen Brief des Oberstleutnants der britischen Armee, Stewart Blacker, der 1933 als Erster den Everest überflog. Seine Botschaft an Rolex nach seinem großen Erfolg war bedeutsam: »Ich kann mir kaum vorstellen, dass es jemals zuvor Uhren gegeben hat, die in der Praxis solchen Extremsituationen ausgesetzt waren.«

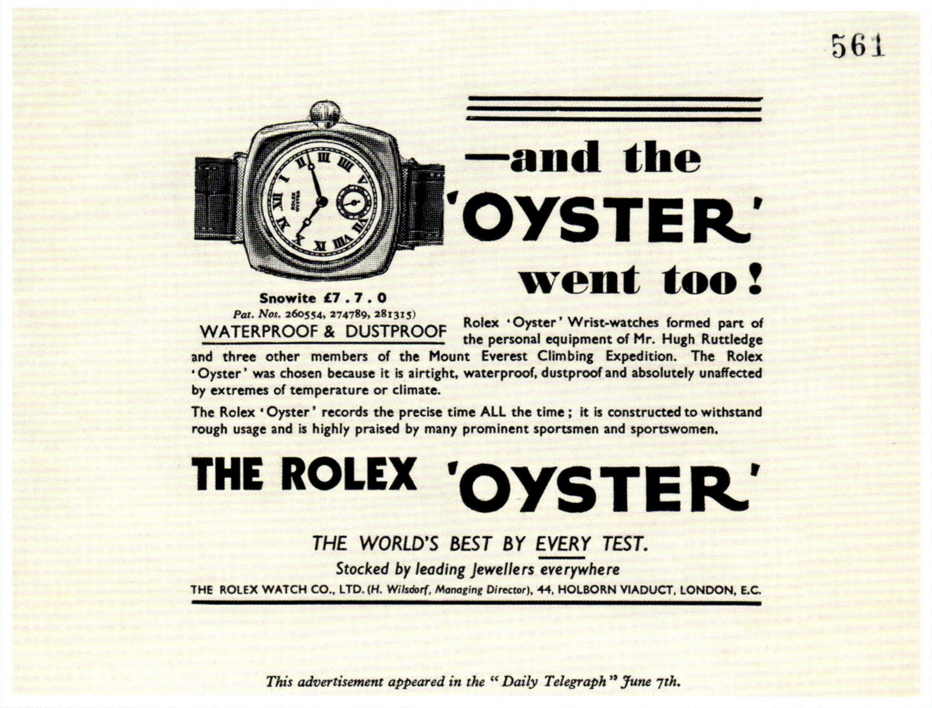

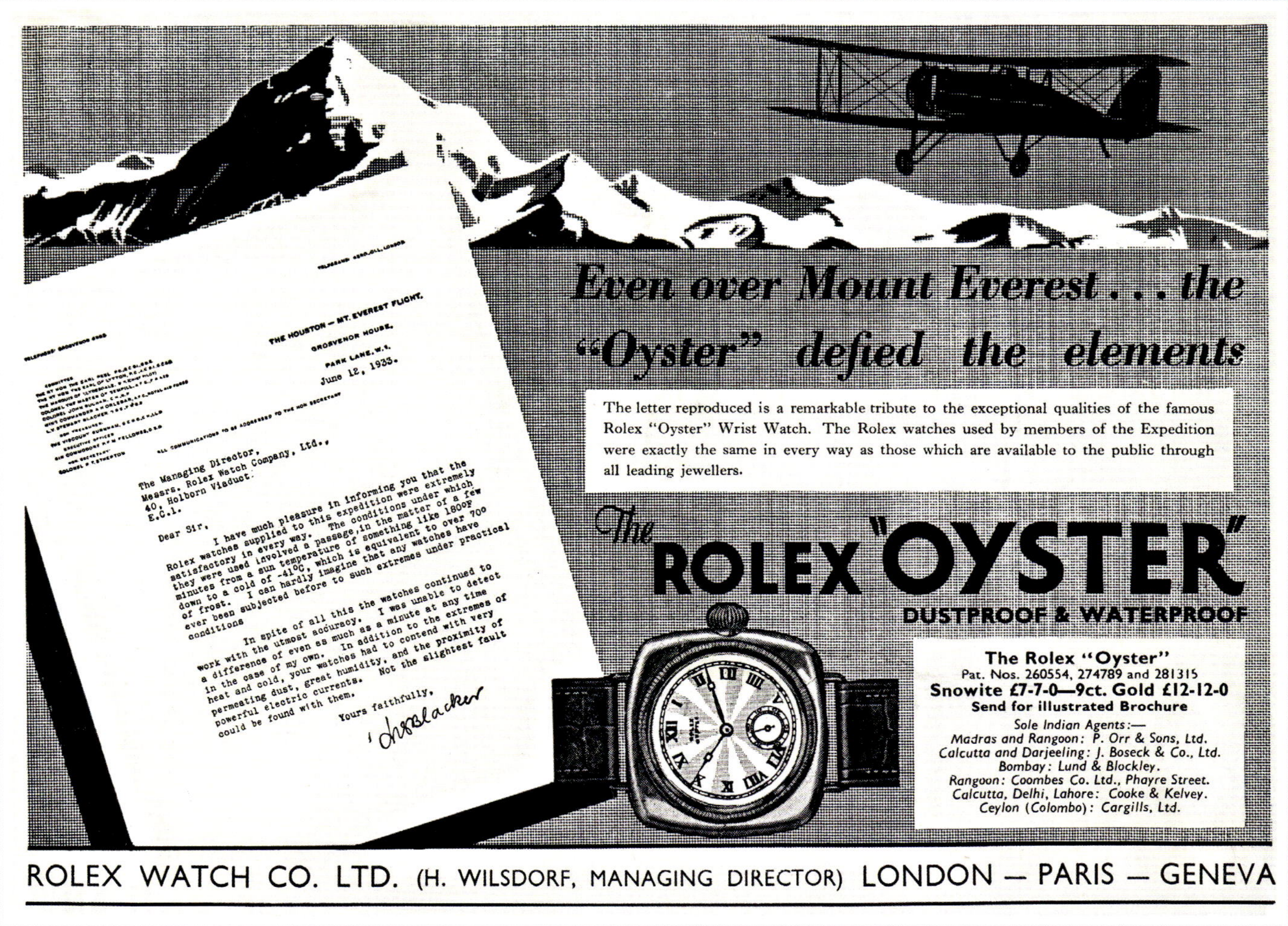

Vom Profi zur Ikone

In den folgenden Jahrzehnten entwickelte Rolex eine Reihe von Zeitmessern, die zu Meilensteinen der Uhrmacherkunst wurden. In den 1950er-Jahren konzipierten die Werkstätten von Rolex dank des Wirtschaftswachstums, der industriellen Entwicklung und des wissenschaftlichen Fortschritts Uhren mit originellen Merkmalen, die den Bedürfnissen einer neuen, von verschiedenen Lebensstilen und Berufsfeldern geprägten Welt entsprachen. Sie sollten später zu Klassikern der Uhrmacherkunst werden. Die enge Zusammenarbeit mit Institutionen und Industriebetrieben unterstreicht zudem die Fähigkeit, auf die Anforderungen einer sich wandelnden Gesellschaft zu reagieren und mit dem modernen Leben Schritt zu halten.

Anlässlich des 40. Jahrestages der Gründung von Wilsdorf & Davis (dem Unternehmen, aus dem später Rolex hervorging) wurde 1945 die Oyster Perpetual Datejust eingeführt. Sie war der erste wasserdichte Automatikchronometer für das Handgelenk, der über ein Fenster auf dem Zifferblatt eine Datumsanzeige besaß. Im Jahr 1953 wurden zwei Modelle vorgestellt, die zu einem großen Erfolg werden sollten. Als der neuseeländische Bergsteiger und Entdecker Sir Edmund Hillary und der nepalesische Sherpa Tenzing Norgay am 29. Mai 1953 den Everest bestiegen und damit den höchsten Gipfel der Welt erreichten, trugen sie an ihren Handgelenken jeweils eine Rolex Oyster Perpetual – ein eigens für diesen Anlass angefertigter Prototyp. Diese waren mit einem Lederarmband anstelle des Edelstahlarmbands ausgestattet, das in der späteren, für alle erhältlichen Version verwendet wurde. Für Rolex war die Everest-Besteigung eine hervorragende Gelegenheit, die Uhren unter extremen Bedingungen (Temperatur- und Druckschwankungen in großen Höhen) zu testen, und stellte eine wichtige Werbeaktion dar. Im selben Jahr ließ das Unternehmen die Marke »Explorer« eintragen und begann mit der Vermarktung des Modells für die Öffentlichkeit.

Die Besteigung des Everest-Gipfels durch Sir Edmund Hillary und Tenzing Norgay im Jahr 1953 erregte weltweit Aufsehen, und Rolex hatte Teil an dem Ereignis durch die Ausstattung der Expedition mit Oyster-Perpetual-Uhren.

Eine Aufnahme des Neuseeländers Sir Edmund Hillary und des nepalesisch-indischen Sherpa Tenzing Norgay, die 1953 als Erste den Everest bezwangen; beide trugen Rolex-Uhren.

Die Rolex Submariner wurde ebenfalls 1953 eingeführt. Die erste Taucheruhr des Unternehmens richtete sich an die große Zahl der passionierten Sporttaucher und war bis zu einer Tiefe von hundert Metern wasserdicht. 1955 war das Jahr der GMT-Master, die dank eines vierten Zeigers, der zu den normalen Stunden-, Minuten- und Sekundenzeigern hinzukam, die Anzeige einer zweiten Zeitzone ermöglichte. Dieser 24-Stunden-Zeiger entstand aus einer Zusammenarbeit zwischen Rolex und Pan American World Airways, der ersten Fluggesellschaft, die Nonstop-Interkontinentalflüge durchführte.

Eine wichtige gestalterische und technische Neuerung war die Rolex Day-Date, die 1956 auf der Basler Messe vorgestellt wurde. Sie war die erste Uhr, die den gesamten Wochentag in zwei kleinen Fenstern bei 3 und 12 Uhr anzeigte, und die erste bei Rolex, die sich einer sehr prestigeträchtigen Auszeichnung rühmen konnte: der offiziellen »Chronometer der Superlative«-Zertifizierung für Präzision.

Ebenfalls im Jahr 1956 wurde die Rolex Milgauss vorgestellt, deren Name sich aus den Wörtern Mille (französisch für »eintausend«) und Gauss, einer Einheit zur Messung der magnetischen Induktion, zusammensetzt. Sie garantierte eine einwandfreie Funktion auch bei starken magnetischen Feldern. Rolex entwickelte in dieser Zeit zudem das Modell Air-King, das ab 1957 verkauft wurde. Das Design der Air-King lehnte sich an die Modelle aus dem Zweiten Weltkrieg an, sie verfügte über ein 34-mm-Gehäuse (größer als die traditionellen Gehäuse mit einem Durchmesser von höchstens 33 Millimetern), und ein besonders gut lesbares grafisches Design des Zifferblatts. Das Modell war sowohl im professionellen Bereich als auch im Freizeitsektor sehr erfolgreich.

Gegen Ende der 1950er-Jahre begann Wilsdorf, sich Gedanken über die Zukunft des Unternehmens zu machen, das er mit so viel Leidenschaft gegründet und zum Erfolg geführt hatte. Nach dem Tod seiner Frau Florence Crotty (Genf, 1882–1944) gründete er 1945 die Hans-Wilsdorf-Stiftung, zu der Rolex bis heute gehört. Wilsdorf starb 1960 in Genf im Alter von 79 Jahren. Kennzeichnend für Wilsdorf war zweifellos ein »starker Wille«, verbunden mit der außergewöhnlichen Fähigkeit, vorausschauend zu denken und den Blick in die Zukunft zu richten. Mit großem Enthusiasmus widmete er sich der Herstellung eines Gegenstands, der gemeinhin als »charmanter Frauenartikel« galt: der Armbanduhr.

Das Uhrenmodell Air-King.

Rechts: Rolex-Werbeheft aus den 1950er-Jahren, inspiriert von der Titelseite des Magazins Time.

WATCH of the YEAR
TIME
THE WEEKLY NEWSMAGAZINE
ROLEX
THE ROLEX GMT-MASTER

Frühe Rolex-Plakate.

Innovative Führung

Da es keine Erben gab, suchte Wilsdorf unter seinen Mitarbeitern nach der richtigen Person, um das Unternehmen weiterzuführen. Seine Wahl fiel auf André Heiniger, der 1963 Präsident von Rolex wurde. Er hatte diese Position bis 1998 inne. Heinigers Karriere bei Rolex hatte allerdings bereits im Jahr 1948 begonnen. Nach einem Studium der Betriebswirtschaftslehre in der Schweiz und einer Spezialisierung in England begann Heiniger, der fließend mehrere Sprachen beherrschte (unter anderem Französisch, Deutsch, Spanisch, Portugiesisch, Italienisch und Englisch), bei einer Uhrenfirma in La Chaux-de-Fonds zu arbeiten. Hier blieb er sechs Jahre lang und spezialisierte sich auf die Bereiche Herstellung und Betriebswirtschaft. Nach einigen Jahren lernte er Wilsdorf kennen, der ihn damit beauftragte, für Rolex den südamerikanischen Markt zu erschließen: Heiniger blieb von 1948 bis 1955 in Buenos Aires und kehrte dann in leitender Funktion in das Genfer Büro zurück.

Wilsdorf war Berichten zufolge so beeindruckt von dem jungen Manager, dass er ihn kurz vor seinem Tod 1960 zu seinem Nachfolger an der Spitze von Rolex erwählte. Seltsamerweise wurde Heiniger erst 1964 zum Vorstandsvorsitzenden von Rolex ernannt – wahrscheinlich brauchte er Zeit, um sich angemessen auf die Nachfolge des brillanten Firmengründers vorzubereiten. Gerüchten zufolge sollen sich zunächst andere Führungskräfte gegen seine Ernennung ausgesprochen haben. Was auch immer die Gründe für die Verzögerung waren, nachdem Heiniger ernannt worden war, zeichnete er sich durch ein konsequentes innovatives, geschicktes Management aus. Er leitete das Unternehmen mehr als dreißig Jahre lang.

André Heiniger im Jahr 1963.

Gewagte Projekte

Als Mann mit beträchtlicher kaufmännischer Erfahrung stärkte Heiniger das Image von Rolex, indem er nicht nur die Herstellung eines ausgezeichneten Produkts fortsetzte, sondern auch die Verwaltungsabteilung des Unternehmens stärkte. Er war für den Bau eines avantgardistischen Hauptsitzes in der Nähe von Genf verantwortlich. Die Pläne des Gebäudes folgten einer vom Art déco inspirierten und vom Bauhaus beeinflussten Formensprache und spiegeln den Stil der Uhren des Hauses wider.

Oben: Die Deepsea Special beweist ihre Ausdauer während eines Tauchgangs im Marianengraben, befestigt am Bathyscaph Trieste.

Unter Heinigers Leitung experimentierte Rolex weiterhin erfolgreich und arbeitete mit Forschern und Wissenschaftlern zusammen, die waghalsige Kunststücke vollbrachten. Im Jahr 1960 wurde die Tiefsee-Spezialuhr, die speziell für den Einsatz unter starkem Wasserdruck entwickelt worden war, an der Außenseite des Bathyscaphs Trieste befestigt und in dem Marianengraben vor der Küste der Insel Guam bis auf eine Tiefe von 10.916 Metern hinabgelassen. Um dem Druck von mehr als einer Tonne pro Quadratzentimeter standzuhalten, wurde ein spezielles, äußerst robustes Edelstahlgehäuse mit einem zentimeterdicken gewölbten Kristall entwickelt.

Nach seiner Rückkehr an die Oberfläche bestätigte der Forschungsleiter Jacques Piccard, dass die Uhr »perfekt funktionierte«. Die Sea-Dweller entstand 1967 aus einer Zusammenarbeit zwischen Rolex und Comex (Compagnie Maritime d'Expertises), einem französischen Unternehmen, das sich auf die Entwicklung von U-Booten spezialisiert hatte.

Die Taucher des französischen Unternehmens benutzten zunächst die Submariner, die bis zu einer Tiefe von zweihundert Metern wasserdicht war. Das in den Überdruckkammern verwendete Helium, das in die Uhren eingedrungen war, drohte jedoch einen immensen Druck zu erzeugen. Daher war zu befürchten, dass das Glas bei der Dekompression zerspringen würde. Auf der Suche nach chronographischer Präzision wurde noch ein weiteres Modell konzipiert, das zu einer echten Ikone werden sollte: der Cosmograph Daytona. Dieser 1963 lancierte Chronograph, der auf die chronometrischen Bedürfnisse professioneller Rennfahrer zugeschnitten ist, ermöglicht die Anzeige und Messung der Zeiten auf dem Zifferblatt in Stunden, Minuten und Sekunden.

Rechts: Eine Anzeige, die sowohl die Zusammenarbeit zwischen Rolex und Comex herausstellt, als auch die Tatsache, dass die Sea-Dweller eine Tiefe von 520 Metern aushält.

DIVERS CONNECTING A PIPELINE AT A DEPTH OF 520 METRES.

At a record 520 metres deep, the Sea-Dweller is still in its element.

The Comex divers have once more forced forward the frontiers of the impossible. Diving off Marseilles, a six-man team spent eight days performing complex underwater tasks at the unprecedented depth of 520 metres.

An astonishing breathing mixture, hydraliox, made it possible for them to live and operate at such inhuman depths. Hydraliox is a combination of hydrogen, helium and oxygen. It gives divers complete freedom of movement with minds unimpaired by pressure effects.

The Comex operation, known as Hydra VIII, is a world record, comparable in its own way to man's first moon landing. It has created huge possibilities for research.

Tomorrow, thanks to the divers' determination and skill, men will descend even deeper, to repair oil rigs and explore the ocean floor.

Beneath the pressure of over 500 metres of water, there is a ceaseless need for precision. At such astonishing depths divers must depend on something rather more than a mere watch. They need a veritable measuring instrument: the Rolex Sea-Dweller.

Like the Comex divers themselves, the Sea-Dweller is strong, precise and reliable. Guaranteed water-proof to 1,200 metres, it withstands the enormous pressures as well as decompression upon surfacing. This is ensured by a patented Rolex invention.

Men still have another 680 metres to descend before they rival the Rolex Sea-Dweller. But then, divers – even the most skilled – are always in an alien element. The Sea-Dweller is not.

ROLEX
of Geneva

THE ROLEX SEA-DWELLER DATE CHRONOMETER IN STAINLESS STEEL.

Zunächst war sie weniger erfolgreich; erst Anfang der 1980er-Jahre erfuhr sie eine neue Einschätzung und wurde von Tausenden von Menschen als »Objekt der Begierde« betrachtet.

In einer Werbeanzeige aus den 1960er-Jahren heißt es: »Die Rolex-Uhren von heute haben ein solches Maß an Präzision, Genauigkeit und Robustheit erreicht, dass es schwierig ist, vorherzusagen, wie die Uhren von morgen aussehen werden. Ob sie in Gehäusen aus Titan oder synthetischen Diamanten eingebettet sein werden. Ob sie mit Atom- oder Sonnenenergie betrieben werden. Aber eines ist sicher: Die schönsten Uhren von morgen werden von den Männern bei Rolex hergestellt werden.«

Die bevorstehende »Quarzkrise«, die den Markt Anfang der 1970er Jahre überrollen würde, überstieg die Vorstellungskraft der Rolex-Führungskräfte; diese hatten sie nicht vorausgesehen.

Quarzkrise gekonnt gemeistert

Im Jahr 1969 brachte das japanische Unternehmen Seiko das Modell Astron auf den Markt. Die Astron war die erste Quarzuhr und wurde mit dem Slogan »Eines Tages werden alle Uhren auf diese Weise hergestellt« beworben. Der japanische Computerhersteller Casio begann 1974 mit der Herstellung von Quarzuhren und wurde schon bald zu einer Spitzenmarke, die den Uhrenmarkt revolutionierte.

Eine Reihe namhafter Hersteller in der Schweiz, darunter auch Rolex, bildete ein Konsortium mit dem Namen CEH (Centre Electronique Horloger), um sich dieser neuen Technologie zu stellen. Das Zentrum arbeitete an der Entwicklung von Quarztechnologie und stellte 1970 das Uhrwerk Beta 21 vor. In den 1970er-Jahren wurde es von vielen Herstellern eingesetzt, allerdings immer in Kombination mit analogen Zifferblättern. Rolex verwendete es in der Referenz 5100. Bald jedoch beschloss das Genfer Unternehmen, einen anderen, autonomen Weg einzuschlagen, und stellte 1977 die Rolex Datejust Oysterquartz Referenz 17000 vor. Angetrieben wurde die Uhr vom Quarzkaliber 5035, das in den Rolex-Laboratorien entwickelt wurde und exklusiv für Rolex-Uhren erhältlich war.

Die elektromechanischen Rolex-Kaliber 5035 und 5055 waren gänzlich anders konzipiert als die Uhrwerke des CEH-Konsortiums und zeichneten sich durch einige bedeutende technische Innovationen aus. Um eine sehr hohe Präzision zu erreichen, steigerte Rolex die Schwingungsfrequenz auf 32,768 Hz, etwa das Vierfache der Beta 21. Ein spezieller Sensor ermittelte die Umgebungstemperatur und leitete sie an das elektronische Steuermodul weiter, das wiederum die Frequenz des Quarzes kalibrierte. Ein manuelles Anpassungssystem ermöglichte die Feinabstimmung und über die Jahre hinweg einen Ausgleich der natürlichen Alterung des Quarzes.

Der Quarzkristall wurde etwa 1978 einer weiteren Verbesserung unterzogen und erfüllte die Anforderungen für die prestigeträchtige Chronometer-Zertifizierung. Am 8. Mai 1978 trug der Bergsteiger Reinhold Messner eine Oysterquartz am Handgelenk, als er den Everest ohne Sauerstoffmaske bezwang. Diese in begrenzter Stückzahl produzierte Uhr wurde nie zu einem der Flaggschiffmodelle des Unternehmens.

Reinhold Messner nimmt sich vor, den Everest ohne Sauerstoffmaske zu besteigen. Er schaffte es 1978, mit einer Oysterquartz am Handgelenk.

Neupositionierung

Abgesehen von diesem Vorstoß in den Quarzsektor, bestand Heinigers Strategie darin, Rolex und seine Produkte höher zu positionieren und das Unternehmen von einem Hersteller »zuverlässiger Uhren« zu einem Luxusgüterunternehmen zu machen.

Auch die Kommunikation war für Heiniger von grundlegender Bedeutung. In den 1970er-Jahren erschien eine Werbung, die Rolex mit politischer Macht (»Männer, die die Geschicke der Welt lenken, tragen Rolex-Uhren) und Führungspersönlichkeiten (»Wenn Sie morgen die Concorde fliegen würden, würden Sie eine Rolex tragen«) in Verbindung brachte. Aus diesen Jahren stammt auch Heinigers berühmte Antwort auf die Frage »Wie läuft das Uhrengeschäft?«: »Ich habe keine Ahnung. Rolex ist nicht im Uhrengeschäft. Wir sind im Luxusgeschäft.«

In diesem Jahrzehnt entstanden Modelle wie die Explorer II (1971) und die Sea-Dweller 4000 (1978), die zum Erfolg des Unternehmens beitragen sollten. Im Einklang mit einer überbordenden Wirtschaft und einer opulenten Ästhetik entstanden in den 1980er-Jahren juwelenbesetzte Editionen verschiedener Referenzen, die in einer begrenzten Anzahl von Exemplaren hergestellt wurden.

Obwohl Heiniger sehr zurückgezogen lebte und in der Öffentlichkeit eher diskret auftrat, war es nicht ungewöhnlich, dass er mit Stars und Berühmtheiten wie den Tennischampions Björn Borg und John McEnroe oder beim Maxi Yacht Rolex Cup in Porto Cervo auf Sardinien fotografiert wurde.

Ganz im Sinne des philanthropischen Geistes des Rolex-Gründers und anlässlich des 50-jährigen Jubiläums des Oyster-Modells etablierte Heiniger 1976 die Rolex Awards for Enterprise. Ziel war es, sowohl »außergewöhnliche Menschen auf der ganzen Welt zu unterstützen«, als auch »Pioniere, die keinen oder nur wenig Zugang zu herkömmlichen Finanzmitteln haben und großen Herausforderungen mit originellen und innovativen Projekten begegnen, um das Wissen und Wohlergehen der Menschheit zu fördern«.

Oben: Als das erste Überschallflugzeug, die Concorde, in den 1960er-Jahren seine finalen Flugtests absolvierte, verkündete Rolex stolz, dass sowohl die britischen als auch die französischen Testpiloten eine GMT-Master trugen, was den Status dieser Uhr in der Ära des Überschallflugs festigte.

Rechts: Björn Borg und John McEnroe waren zwar auf dem Platz Konkurrenten, aber geeint in ihrer Begeisterung für Rolex-Uhren.

NIKE

Konsequente Ausrichtung

Andrés Sohn, Patrick Heiniger, wurde 1992 vom Rolex-Verwaltungsrat als Nachfolger seines Vaters zum Managing Director von Rolex ernannt. André Heiniger übernahm die Position des Chief Executive Officer von Rolex bis zu seiner Pensionierung im Jahr 1998; er war bis zu seinem Tod im Jahr 2000 Chairman Emeritus. Seine Führung trug entscheidend dazu bei, Rolex zu dem äußerst erfolgreichen Unternehmen zu machen, das es heute ist.

Der Schweizer Jurist Patrick Heiniger war Anwalt mit dem Fachgebiet geistiges Eigentum und gründete seine eigene Kanzlei in New York. Im Jahr 1986 kam er zunächst als kaufmännischer Leiter zu Rolex, einige Jahre später übernahm er die Leitung des Unternehmens. Als hochrangige Führungspersönlichkeit verwandelte er Rolex in ein vollständig vertikal integriertes Unternehmen, indem er externe Zulieferer von Rolex erwarb und die gesamte Produktion inhouse verlagerte.

In den sechzehn Jahren, in denen er das Unternehmen von 1992 bis 2008 leitete, entwickelte Rolex nur ein einziges neues Modell: Die Yacht-Master von 1992 ist eine luxuriöse Sportuhr, die dem nautischen Universum und insbesondere den Seglern und Skippern gewidmet ist. Außerdem wurden einige Vintage-Sportmodelle neu aufgelegt: die Submariner, die GMT und die Daytona, die in überarbeiteten Formen und modifizierten Designs angeboten wurden. Im Jahr 2003 wurde zur Feier des 50-jährigen Jubiläums des Modells die Submariner mit dem Spitznamen Kermit in grüner Farbe eingeführt. Ebenfalls als Jubiläumsmodell zum 50-jährigen Bestehen wurde im Jahr 2005 eine GMT mit Keramik-Lünette produziert.

Im Jahr 2007 wurde auf der Fachmesse Baselworld eine neue Version der Milgauss vorgestellt: Sie behielt ihre antimagnetischen Eigenschaften bei, wies aber neue Merkmale auf, darunter ein 40-mm-Gehäuse, eine Hochglanzoberfläche und Zifferblätter in Schwarz und Weiß.

Im Rahmen seiner Verwaltungstätigkeit konsolidierte der Geschäftsführer das gesamte Rolex-Geschäft in vier hochmodernen Werken, die sich alle in der Schweiz befinden. Dies führte zu außergewöhnlichen Skaleneffekten und trug wesentlich zur Qualitätssteigerung der modernen Rolex-Uhren bei. Während seiner Zeit an der Spitze der Manufaktur setzte Patrick Heiniger den Ausbau neuer Räumlichkeiten in Genf fort, der 1995 mit der Einweihung eines weiteren Rolex-Hauptquartiers seinen Höhepunkt fand.

Links: Patrick Heiniger, dem die Umwandlung von Rolex in ein vollständig integriertes Unternehmen zugeschrieben wird.

Oben: Rolex ist durch Sponsoring und Partnerschaften eng mit der Welt des Segelsports verbunden.

Fürst Albert II. und Gian Riccardo Marini (CEO von Rolex) bei der Preisverleihung der Rolex-Giraglia-Regatta am 14. Juni 2019 in Saint-Tropez, Frankreich.

Im Jahr 2005 wurden die verschiedenen Aktivitäten der Gruppe in einem Gebäude in Plan-les-Ouates, ebenfalls in der Nähe von Genf, zusammengeführt. 2002 rief Patrick Heiniger die Rolex Mentor and Protégé Arts Initiative ins Leben. Das Förderprogramm will talentierte junge Künstler dabei unterstützen, ihr Potenzial auszuschöpfen, und orientiert sich an den Leitlinien der früheren Direktoren.

Als Heiniger einmal gefragt wurde, was ihn als Chef von Rolex am meisten stolz mache, lautete seine Antwort: »Völlig fremde Menschen zu treffen, die eine Rolex tragen«. Er trat im Dezember 2008 aus »persönlichen Gründen« als Vorsitzender von Rolex zurück.

Bruno Meier, Mitglied des Verwaltungsrats und CFO von Rolex, wurde als Nachfolger von Patrick Heiniger auserkoren. Er blieb bis Mai 2011 an der Spitze von Rolex, bis Gian Riccardo Marini, Leiter von Rolex Italien, an diese Position berufen wurde.

Jean-Frédéric Dufour mit Regisseur James Cameron und Schauspielerin Suzy Amis.

Im Jahr 2014 wurde der Schweizer Jean-Frédéric Dufour zum CEO von Rolex ernannt. Eine kleine Anzahl hochrangiger Führungskräfte hat im Laufe der Jahre zur konsequenten Führung dieses erfolgreichen Unternehmens beigetragen.

Rolex gehört zur Hans-Wilsdorf-Stiftung, einer privaten Einrichtung nach Schweizer Recht, die Hans Wilsdorf selbst im Jahr 1945 gegründet hat. Gemäß der Satzung der Stiftung muss ein Teil der Gewinne in die technische Forschung reinvestiert werden, um die Produkte kontinuierlich zu verbessern. Ein erheblicher Teil fließt auch in soziale Aktivitäten oder die Unterstützung von Kunstinitiativen. Die Weitergabe von Wissen zum Wohle künftiger Generationen ist ein integraler Bestandteil von Rolex, sowohl in der Uhrenherstellung als auch durch die Förderung von Kunst, Kultur und Architektur.

Anerkannte Werte

Neben der unbestrittenen Qualität ist der Grund für den Image- und Verkaufserfolg von Rolex zweifelsohne die Kommunikationsstrategie. Das Unternehmen sponsert Athleten und Wettkämpfe in den verschiedensten Sportarten, von Tennis bis Golf, von Segeln bis Formel 1, und setzt dabei auf Persönlichkeiten wie Roger Federer, Stefanos Tsitsipas und Jannik Sinner im Tennis, Paul Cayard im Segeln, Jenson Button im Motorsport sowie Bertram Allen und Scott Brash im Pferdesport.

Darüber hinaus werden zahlreiche international bekannte Kultur- und Kunstinstitutionen unterstützt, vom Teatro alla Scala in Mailand über die Metropolitan Opera in New York und das Wiener Neujahrskonzert bis hin zum Royal Opera House in London. Rolex verbindet seinen Namen mit berühmten Künstlern, darunter die Sopranistin Dame Kiri Te Kanawa, die italienische Mezzosopranistin Cecilia Bartoli, Startenöre der internationalen Oper wie Juan Diego Flórez aus Peru und Jonas Kaufmann aus Deutschland oder der Dirigent Sir Antonio Pappano. Versteht man Musik als universelle Sprache und Tempo als ihr grundlegendes Element, ließe sich Rolex wohl der Swing-Musikszene zuordnen – ein Vergleich, der durch die Tatsache gestützt wird, dass auch der Sänger Michael Bublé seit 2006 für Rolex wirbt. Im Jahr 2017 begann Rolex eine Partnerschaft mit der höchsten Instanz der Filmindustrie, der Academy of Motion Picture Arts and Sciences (AMPAS), und wurde zur exklusiven Uhr der Academy sowie zum stolzen Sponsor der Oscars. Die Genfer Marke ist auch Exklusivsponsor der Governors Awards, der Preise für das Lebenswerk, die an große Filmschaffende für ihr gesamtes Wirken verliehen werden und den Beginn der Oscar-Saison markieren. Am Abend der Oscar-Verleihung ist Rolex der offizielle Gastgeber des Greenroom, wo sich die Nominierten und die Moderatoren vor und nach der Verleihung treffen. Die Marke ist auch ein Gründungsmitglied und Förderer des Academy Museum of Motion Pictures, das im September 2021 in Los Angeles eröffnet wurde.

Es ist das größte Filmmuseum in den Vereinigten Staaten und beherbergt über 50.000 Quadratmeter Galeriefläche für Wechsel- und

Links oben: Das Metropolitan Opera House in New York; unten: der Greenroom der Oscar-Verleihung.

Der Tennisspieler Roger Federer ist Markenbotschafter von Rolex.

Dauerausstellungen, zwei Kinos, darunter das David Geffen Theater mit tausend Plätzen, einen Bildungsbereich sowie Räume für öffentliche Veranstaltungen und Feierlichkeiten. Das Programm »Mentor und Schützling« unterstützt die Zusammenarbeit zwischen aufstrebenden und etablierten Künstlern, um neue Talente zu entdecken und zu fördern. Einige der größten Künstler der Welt haben im Laufe der Jahre die Rolle des Maestro übernommen, darunter Sir Anish Kapoor, Sir David Adjaye, Sir David Chipperfield, David Hockney, Martin Scorsese, Alejandro G. Iñárritu, William Forsythe, Peter Zumthor, Margaret Atwood und Sir Colin Davis, aber auch Ikonen wie Brian Eno, Gilberto Gil, Zakir Hussain und Youssou N'Dour. Von den 63 Meister-Schüler-Paaren, die seit 2002 gebildet wurden, stammen neun aus der Welt des Kinos.

Auch an Partnerschaften mit Entdeckern und Umweltschützern mangelt es nicht. Die von der legendären Unterwasserforscherin Sylvia Earle geleitete Initiative Mission Blue setzt sich für ein weltweites Netzwerk von Meeresschutzgebieten ein. Zweck des Programms ist es, Artenreichtum und kritische Ökosysteme zu schützen, die Öffentlichkeit für den Schutz der Ozeane zu sensibilisieren, lokale Unternehmen mit dieser Zielsetzung zu unterstützen sowie entsprechende Maßnahmen auf der ganzen Welt zu fördern.

Seit der Einführung des Programms Rolex Awards for Enterprise im Jahr 1976 sind 35.000 Nominierungen eingegangen, und 155 Personen mit innovativen Projekten wurden von Rolex ausgezeichnet. Sie stammen aus unterschiedlichsten Bereichen – von der Entwicklung neuer Technologien zur Verbesserung des Lebensalltags, über den Schutz gefährdeter Ökosysteme und Meere, die Erforschung des Planeten bis hin zu Entdeckungen in Wissenschaft und Gesundheitswesen.

El Anatsui. Der ghanaische Künstler hat dazu beigetragen, die globale Kunstwelt neu zu definieren. Mit seinen monumentalen Skulpturen und Installationen – gekennzeichnet durch den Einsatz von Farbe, Textilien, Skulpturen und Design und unter Einbeziehung von Wasser, Wind, Holz, Ton, Stein, Metall, Druckplatten, Aluminiumflaschenverschlüssen sowie anderen recycelten Materialien – rückt er die afrikanische Kultur in den Fokus.

Sylvia Earle, Meeresbiologin und Ozeanografin.

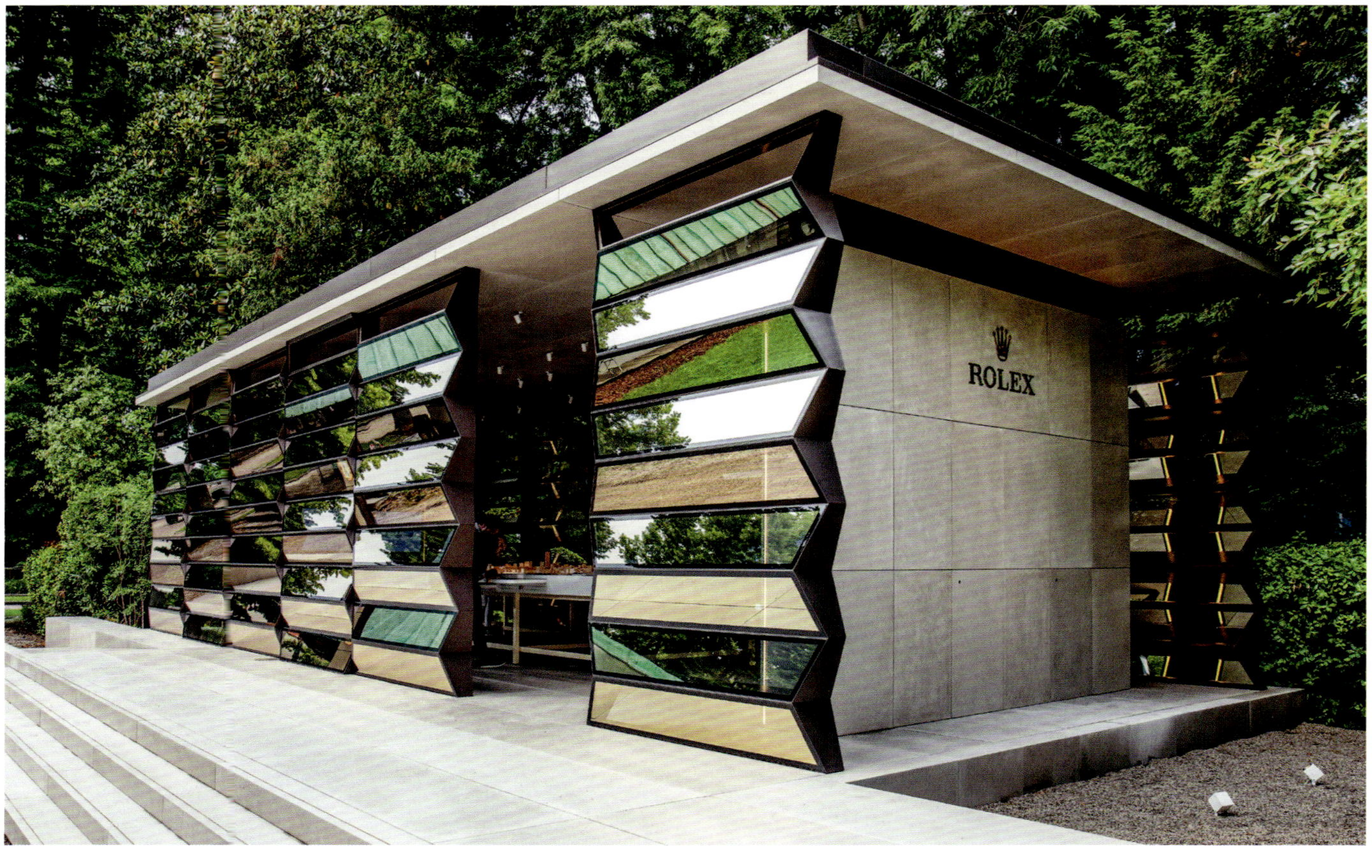

Internationale Architekturausstellung: Biennale von Venedig, Rolex-Pavillon.

Durch sein Engagement für die Internationale Architekturausstellung in Venedig trägt das Unternehmen auch zur Förderung anderer Kunstformen wie etwa der Architektur bei. Das Design des Rolex-Pavillons, das an eine geriffelte Lünette erinnert – ein ästhetisches Merkmal, das auf einigen der ikonischen Uhren der Marke zu sehen ist –, soll die dauerhafte Verbindung zwischen Architektur und Uhrmacherei betonen.

In Dallas, Texas, entwarf der japanische Architekt Kengo Kuma einen siebenstöckigen Büroturm; hier befindet sich heute das Vertriebs- und Servicezentrum von Rolex. Das Gebäude verfügt auf jeder Etage über bepflanzte Terrassen und setzte mit seiner besonderen Form, gepaart mit ökologischen Qualitäten, neue architektonische Maßstäbe.

Das Rolex-Hauptquartier in New York City wurde von Sir David Chipperfield entworfen, dessen Ziel es war, »ein beispielhaftes Gebäude zu schaffen, das dem Erbe und der Kultur der Marke Rolex gerecht wird«. Der 25-stöckige Turm mit seinen sich überschneidenden, zerklüfteten Volumina wurde mit dem LEED-Zertifikat (Leadership in Energy and Environmental Design) in Platin ausgezeichnet, der höchsten Zertifizierungsstufe für Umweltfreundlichkeit und nachhaltigen Energiekonsum. Rolex wird nicht nur für die hohe Qualität seiner Produkte geschätzt, sondern auch für das kontinuierliche Engagement zum Schutz des Planeten.

Der von dem Architekten Kengo Kuma entworfene Twisted Tower in Dallas beherbergt das Rolex-Verkaufs- und -Servicezentrum.

Der Traum lebt fort

Eine Rolex-Uhr ist nicht einfach nur ein Zeitmesser. Sie ist auch kein Statussymbol im herkömmlichen Sinne: Wer sie trägt, signalisiert nicht nur Reichtum. Man betont vielmehr die Zugehörigkeit zu einer Welt, einer Gruppe von Menschen, die Qualität und Schönheit zu schätzen wissen – geeint durch ein erfolgreiches internationales Image, das durch prominente Persönlichkeiten aus allen Bereichen untermauert wird.

Für Hans Wilsdorf, einen visionären Unternehmer, war es Ehrensache, zuverlässige und langlebige Uhren herzustellen. In diesem Sinne setzte der Gründer von Rolex von Anfang an in allen Ländern, in denen die Marke vertreten ist, zum Kundendienst auf den Ausbau eines Netzwerks leistungsfähiger Werkstätten. Auf diese Weise stellte er sicher, dass jede vom Hersteller produzierte Uhr jederzeit so gewartet werden konnte, dass ihre außergewöhnlichen Leistungen über die Zeit erhalten blieben.

Die Leitung, Verwaltung und Kommunikation des Unternehmens sowie die Endmontage, Endkontrolle und Vermarktung der Uhren ebenso wie der Rolex World Service werden vom Rolex World Headquarters in Genf gesteuert. Hier sind Kreation, Forschung und Entwicklung angesiedelt, hier liegen die Werkstätten, und hier werden alle fertigen Uhren getestet, bevor sie in die ganze Welt verschickt werden. Auch das Rolex Training Center, das Kurse für Mitarbeiter und Führungskräfte anbietet und Lehrlinge ausbildet, um das spezifische Know-how weiterzugeben, befindet sich in Genf.

Am Standort Plan-les-Ouates sind die Entwicklung und Herstellung von Rolex-Uhrengehäusen und -Armbändern gebündelt – von der Formgebung und Verarbeitung der Rohmaterialien bis hin zur Endbearbeitung der fertigen Stücke. Alle Aktivitäten im Zusammenhang mit der Entwicklung und Herstellung von Zifferblättern und Lünetten sowie dem Fassen von Edelsteinen sind am Standort Chêne-Bourg zusammengefasst. Der Standort Biel ist ganz auf die Produktion von Rolex-Uhrwerken ausgerichtet.

Das Rolex Learning Center in Lausanne, ein Symbol für die enge Verbindung zwischen Rolex und der Eidgenössischen Technischen Hochschule Lausanne (EPFL).

Pavillons der EPFL.

Alle Komponenten der Rolex-Uhrwerke – etwa zweihundert bzw. sogar vierhundert bei komplexeren Typen – werden mit äußerster Präzision und Liebe zum Detail hergestellt. Dies setzt enorme Anstrengungen auf unterschiedlichsten Ebenen voraus, um die Botschaft zu vermitteln, dass jede Rolex-Uhr auf intensiver technologischer Forschung beruht, und sie als kostbares Produkt zu positionieren. Sowohl für kaufkräftige Konsumenten als auch für einen Großteil der Verbraucher ist sie ein Objekt der Begierde – dem Idealbild einer Uhr sehr nahe, wenn nicht sogar die ideale Uhr schlechthin.

Heute ist die Schweizer Uhrenmarke eine der bekanntesten der Welt und Spitzenreiter in Bezug auf den Marktanteil im oberen Preissegment. Laut einer Studie von LuxeConsult und Morgan Stanley verzeichnete Rolex im Jahr 2021 einen Marktanteil von 29 Prozent und einen geschätzten Umsatz von acht Milliarden Schweizer Franken; der Studie zufolge produzierte Rolex im selben Jahr 1,05 Millionen Uhren.

Die Entwicklung des Unternehmens im Geiste Hans Wilsdorfs, sein unternehmerisches Geschick und vorausschauendes Denken ebenso wie die großen Persönlichkeiten, die seine Nachfolge antraten – all dies trug dazu bei, dass Rolex ein unabhängiges Unternehmen blieb. Bis heute ist es eines der wenigen, die nicht an der Börse gehandelt werden oder einem Finanzkonzern angehören – eine Strategie, die sich über die Jahre als erfolgreich erwiesen hat.

Coco Chanel war keine gelernte Schneiderin, und Hans Wilsdorf kein Uhrmacher. Dennoch: Ebenso wie sie die Modewelt prägte, hat auch er die Art und Weise, wie Menschen Uhren nutzen, für alle Zeiten revolutioniert.

Rechts: Der Rolex-Rotor (Schwungmasse).

ROLEX

DIE MODELLE

GESCHICHTE UND ENTWICKLUNG

Oyster Perpetual

Die Oyster Perpetual ist die direkte Nachfolgerin der ursprünglichen Oyster, der ersten wasserdichten Armbanduhr der Welt, mit der die Uhrenmanufaktur Rolex im Jahr 1926 ihren Ruf für hervorragende Qualität begründete.

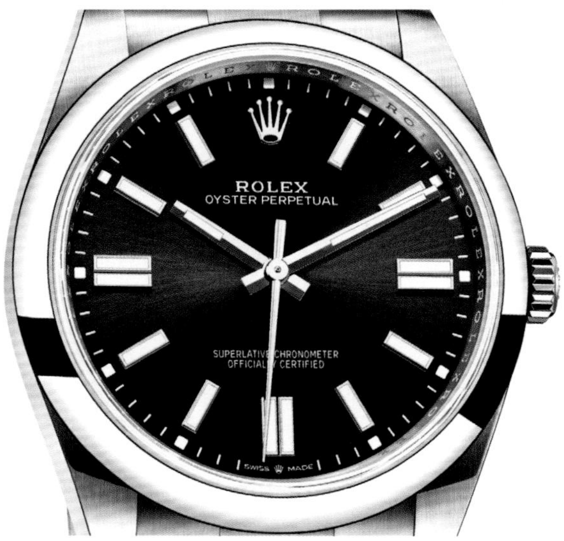

Die Geburt der Oyster Perpetual bedeutete eine Revolution in der Geschichte von Rolex – und dies gleich in zweifacher Hinsicht: Sie sollte nicht nur die Geschichte des Unternehmens, sondern die Geschichte der Uhrmacherei insgesamt verändern. Der Name »Oyster« bezieht sich auf das Patent für das erste wasserdichte Gehäuse, das dank der Erfindung einer verschraubten Aufzugskrone im Jahr 1926 möglich wurde. Rolex hatte das Oyster-Gehäuse auf Geheiß von Hans Wilsdorf entwickelt. Dieser war von der Notwendigkeit der Erfindung überzeugt, um den Zeitmesser vor Staub und Feuchtigkeit zu schützen. Beide galten als schlimmste Feinde einer Uhr, da sie deren Inneres dauerhaft beschädigen und ihre Zeitanzeige beeinträchtigen konnten. Um sicherzustellen, dass die Uhr in jeder Situation wasserdicht war, vertraute das Unternehmen die Uhren regelmäßig Sportlern und Forschern an, die sie im Gelände testen konnten.

Bei der Präsentation der Uhr verriet Wilsdorf, weshalb sie Oyster genannt wurde: Sie sei »eine vorbildliche Haushälterin«, die »einfach keinen Staub oder andere Verunreinigungen duldet. [...] Meine Herren, wir haben diese Eigenschaften und auch ihren Namen übernommen. Hier ist ein Exemplar der Rolex Oyster – so genannt, weil sie im Wasser lebt und alle Verunreinigungen ausschließt«. Mit der Oyster war es nicht länger erforderlich, die Uhr abzunehmen, etwa um sich die Hände zu waschen oder zu baden, während man in einer staubigen Werkstatt arbeitete oder wenn man stark geschwitzt hatte. »Sie behalten Ihre Oyster einfach am Handgelenk, was auch immer passiert, und sie wird Sie nie im Stich lassen.«

Im Jahr 1927 erläuterte Wilsdorf, weshalb das versiegelte Gehäuse auch die Präzision garantiert: »Wir alle wissen, dass die Zapfen in Öl laufen müssen, und Öl zieht all jene feinen Staubteilchen an, die ständig, wenn auch nur in sehr kleinen Mengen, in sämtliche Uhrwerke eindringen, so gut die Gehäuse auch gemacht sein mögen. [...] Unsere Oyster schließt Staub aus und wird folglich stets perfekt die Zeit anzeigen.«

Der Übergang von der Oyster zur Oyster Perpetual erfolgte 1931. In diesem Jahr ließ Rolex den rotorbetriebenen Selbstaufzugsmechanismus patentieren, der als »Perpetual-Rotor« bekannt ist. Mit dieser neuen Methode war es möglich, die Uhr allein durch die natürliche Bewegung des Handgelenks aufzuziehen, ohne dies täglich von Hand tun zu müssen. Der Perpetual-Rotor bestand aus einer Schwungmasse, die sich frei um eine Achse in beide Richtungen drehte und dafür sorgte, dass die Zugfeder eine konstante Spannung aufrechterhielt. Dies garantierte hohe Präzision und Zuverlässigkeit.

Als direkte Nachfahren der ursprünglichen Oyster profitierten die Uhren der Linie Oyster Perpetual von den grundlegenden Merkmalen der Kollektion: der chronometrischen Präzision, der Wasserdichtheit des Oyster-Gehäuses und dem automatischen Aufzug des Uhrwerks über den Perpetual-Rotor. Sie zeichneten sich durch schlichte Ästhetik und besonderen Stil aus, die im Laufe der Zeit kontinuierlich weiterentwickelt wurden – etwa durch Variationen und Neuerungen in Bezug auf Farbe und Design des Zifferblatts.

Das Modell Oyster Perpetual.

Das Modell Oyster Perpetual 36, jeweils mit einem Zifferblatt in Blau und Candy Pink.

Im Jahr 2020 wurde die Oyster-Perpetual-Familie um ein neues Modell erweitert, die Oyster Perpetual 41; sie ergänzte die Modelle Oyster Perpetual 28, 31, 34 und 36. Darüber hinaus wurden neue Versionen der Oyster Perpetual 36 eingeführt, die über ein farbenfrohes Zifferblatt verfügten. Die erste Version der Oyster Perpetual 41 weist eine untypische Gestaltung auf: Ihr silbernes Zifferblatt mit Sonnenschliff wird von gelbgoldenen Zeigern und Indizes unterbrochen. Die zweite Version hat ein schlichtes, schwarzes Zifferblatt mit Sonnenschliff sowie Zeiger und Indizes aus Weißgold. Die Oyster Perpetual 36 präsentiert sich indessen in einem energiegeladenen, farbenfrohen Stil mit einem lackierten Zifferblatt, das in fünf neuen Farben erhältlich ist: Candy Pink, Blau, Gelb, Korallenrot und Grün.

Diese Generation der Oyster Perpetual verfügt über ein Chromalight-Display: Ihre Zeiger und Indizes sind mit einer Substanz beschichtet oder gefüllt, die über langanhaltende Leuchtkraft verfügt und bei Dunkelheit ein blaues Licht abgibt. Wie alle Rolex-Uhren verfügen die Oyster-Perpetual-Modelle über eine Zertifizierung der Spitzenklasse (»Superlative Chronometer«).

Das Gehäuse der Oyster Perpetual, wahlweise mit einem Durchmesser von 28, 31, 34, 36 oder 41 Millimetern, ist bis zu einer Tiefe von hundert Metern wasserdicht. Der Mittelteil der Uhr ist aus massivem Oystersteel gefertigt, einer besonders korrosionsbeständigen Legierung. Der mit feinen Rillen versehene Gehäuseboden ist mit einem Spezialwerkzeug hermetisch verschraubt. Die mit einem doppelten Dichtungssystem ausgestattete Twinlock-Aufzugskrone ist fest mit dem Gehäuse verschraubt. Das Glas besteht aus kratzfestem Saphir und ist antireflektierend beschichtet. Die Modelle der Oyster Perpetual sind mit den mechanischen Uhrwerken Kaliber 2232 (Oyster Perpetual 28, Oyster Perpetual 31 und Oyster Perpetual 34) und Kaliber 3230 (Oyster Perpetual 36 und Oyster Perpetual 41) mit einem automatischen Aufzug ausgestattet, die gänzlich von Rolex entwickelt und hergestellt wurden. Der Oszillator beider Kaliber verfügt über eine Unruh mit variabler Trägheit. Sie wird über goldene Microstella-Muttern mit höchster Präzision reguliert und ist auf hochleistungsfähigen Paraflex-Stoßdämpfern gelagert, die ebenfalls von Rolex entwickelt und patentiert wurden. Das Kaliber 2232 ist mit einer Syloxi-Spiralfeder aus Silikon ausgestattet, ein Verfahren, das ebenfalls von der Marke patentiert wurde.

ROLEX
OYSTER PERPETUAL
SUPERLATIVE CHRONOMETER
OFFICIALLY CERTIFIED
SWISS MADE

ZIFFERBLATT: Diese ausschließlich aus Oystersteel gefertigten Zeitmesser zeigen die Stunden, Minuten und Sekunden an und stellen damit die wichtigste Form eines Chronometers für das Handgelenk dar. Die Palette der verfügbaren Zifferblätter ist sehr groß.

GEHÄUSE: Das Oyster-Gehäuse garantiert Wasserdichtheit bis zu einer Tiefe von hundert Metern und schützt das darin integrierte hochpräzise Rolex-Uhrwerk vor Feuchtigkeit, Staub, Druck und Stößen. Das charakteristische Mittelgehäuse ist aus einem massiven, besonders korrosionsbeständigen Block aus Edelstahl Oystersteel gefertigt. Bei den neuesten Modellen ist das mittlere Gehäuse satiniert, die Seiten sind poliert.

ARMBAND: Die Modelle der Oyster Perpetual-Reihe sind mit einem dreiteiligen Armband aus Edelstahl Oystersteel ausgestattet, das über eine von Rolex entwickelte Oyster-Faltschließe und ein Easylink-Komfortverlängerungsglied verfügt. Mit Letzterem lässt sich die Länge des Armbands leicht anpassen (um etwa fünf Millimeter).

Das Kaliber 3230 wiederum ist mit einer optimierten Version der blauen Parachrom-Spirale ausgestattet, die von Rolex aus einer paramagnetischen Legierung hergestellt wird. Diese beiden Spiralfedern sind nicht nur gegenüber magnetischen Feldern, sondern auch gegenüber Temperaturschwankungen äußerst unempfindlich. Die Geometrie der Syloxi-Spirale des Kalibers 2232 garantiert die Gleichmäßigkeit des Uhrwerks in jeder Position – eine Eigenschaft, die auch die blaue Parachrom-Spirale des Kalibers 3230 sicherstellt. Das Kaliber 2232 ist mit einem paramagnetischen Nickel-Phosphor-Hemmungsrad ausgestattet, während das Kaliber 3230 über die patentierte Chronergy-Hemmung verfügt, die aus derselben Legierung besteht. Diese Hemmung, die gleichzeitig hohe Energieeffizienz und Zuverlässigkeit gewährleistet, ist zudem unempfindlich gegenüber Magnetfeldern. Beide Kaliber verfügen über einen Automatikaufzug mit Perpetual-Rotor, der für ein kontinuierliches Aufziehen der Triebfeder sorgt und so durch die Bewegungen des Handgelenks konstant Energie liefert. Das erste Kaliber verfügt über eine Gangreserve von circa 55 Stunden, das zweite über eine Gangreserve von etwa 70 Stunden, dank der Konstruktion des Federhauses und der hohen Effizienz der Hemmung.

Datejust

Die kurz nach dem Zweiten Weltkrieg auf den Markt gebrachte Datejust war die weltweit erste wasserdichte Chronometer-Armbanduhr mit Automatikaufzug, die das Datum durch eine Blende im Zifferblatt anzeigte.

Im Jahr 1945 war das vierzigjährige Jubiläum der Gründung des Rolex-Stammhauses Wilsdorf & Davis; dieses Ereignis wurde mit der Einführung des Datejust-Modells gefeiert. Die Oyster Perpetual Datejust revolutionierte die Datumsanzeige bei Armbanduhren. Traditionell wurde der Tag mittels eines Zeigers angegeben, der auf die um das Zifferblatt herum sichtbaren Daten wies. Mit der Datejust führte Rolex einen Kalender ein, der das Datum über eine Scheibe anzeigte, die durch ein kleines Fenster bei 3 Uhr zu sehen war – eine Lösung, die zum Standard werden sollte.

Bei ihrer Markteinführung vereinte die Datejust die wichtigsten Innovationen, die Rolex bis dahin für eine moderne Armbanduhr entwickelt hatte: die Präzision eines Chronometers am Handgelenk (die Marke hatte bereits 1910 die ersten Chronometer-Bulletins für Armbanduhren erhalten), die Wasserdichtheit (die Erfindung des Oyster-Gehäuses im Jahr 1926) und den automatischen Aufzug (ein Mechanismus mit Perpetual-Rotor, der 1931 patentiert wurde). Das erste Modell trug die Referenznummer 4467 und wurde nur in 18-karätigem Gold hergestellt – die meisten davon in Gelbgold, abgesehen von einigen seltenen Exemplaren in Roségold. Das Automatikwerk Kaliber A295 hatte aufgrund seiner Datumsscheibe und seines Mechanismus ein gewisses Gewicht, das einen Gehäuseboden mit einer markanten Kuppel erforderte.

Die Referenz 4467 Datejust hatte daher ein gewölbtes Äußeres mit einer Dicke von etwa 14 Millimetern. Die Datumsscheibe wechselte – die geraden Tage wurden in Rot und die ungeraden Tage in Schwarz angezeigt. Zwei weitere Besonderheiten, die diese Uhr auszeichneten, waren die einzigartige, münzförmig gefräste Lünette und die kleine Aufzugskrone. Die Datejust Referenz 4467 markierte auch die Einführung eines neuen, speziellen Armbands, des Jubilee-Modells. Dieses war das erste Armband, das Rolex selbst herstellte, ohne auf externe Zulieferer zurückzugreifen, und das ausschließlich in 18-karätigem Gold erhältlich war, um sein Prestige zu unterstreichen. Der Nachfolger der Datejust-Referenz 4467 war die Referenz 6075, die 1950 auf den Markt kam: Bei diesem Modell wurde der Name »Datejust« dauerhaft auf dem Zifferblatt angezeigt.

Äußerlich sehr nah an den Vorgänger-Modellen, verfügte die Referenz 6075 über eine Super-Oyster-Aufzugskrone. Sie war sowohl in 18-karätigem Gold als auch in der als »Rolesor« bezeichneten Edelstahl-Gold-Kombination erhältlich, sowie außerdem in einer Variante mit glatter Lünette, die mit der Referenznummer 6074 gekennzeichnet ist.

Im Jahr 1953 wurde das Uhrenglas mit der Zykloplupe versehen, die das Datum vergrößerte und ein besseres Ablesen ermöglichte. Im Jahr 1956 wurde der Datumswechsel unmittelbar vollzogen. Ab 1977 konnte das Datum durch das Drehen der Aufzugskrone schnell und sicher in beide Richtungen eingestellt werden.

Datejust-Modell in 18-karätigem Gold.

Im Jahr 1953 wurde das Uhrenglas mit einer Zykloplupe versehen.

Diese Funktion wurde erstmals bei den Datejust-Modellen mit mittlerem oder großem Kaliber eingeführt; seit 1983 verfügen auch die Modelle mit kleinem Uhrwerk über diese Möglichkeit.

Im Laufe der Zeit hat die Datejust stets ihre charakteristischen ästhetischen Merkmale beibehalten. Heute ist sie in verschiedenen Durchmessern (von der Lady-Datejust mit 28 Millimetern bis zu 41 Millimetern) und in verschiedenen Materialien verfügbar – Oystersteel, Gelb-, Weiß- oder Everose-Gold oder Rolesor (eine Kombination aus Oystersteel mit Gelb-, Weiß- oder Everose-Gold) – sowie mit einer großen Auswahl an Zifferblättern, Lünetten und Armbändern. Die Datejust ist auch in diamantbesetzten Ausführungen erhältlich.

Die neuesten Datejust-Modelle sind mit dem Kaliber 2236 (Datejust 31) oder dem Kaliber 3235 (Datejust 36 und Datejust 41) ausgestattet; bei beiden handelt es sich um mechanische Uhrwerke mit automatischem Aufzug, die von Rolex entwickelt und hergestellt wurden. Diese Uhrwerke sind mehrfach patentiert und garantieren hohe Leistungen in Bezug auf Präzision, Autonomie, Stoßfestigkeit, Benutzerfreundlichkeit und Zuverlässigkeit.

Der Oszillator der Kaliber 2236 und 3235 verfügt über eine Unruh mit variabler Trägheit, die über goldene Microstella-Muttern hochpräzise reguliert wird. Sie wird von einer höhenverstellbaren Traversierbrücke sicher fixiert, die für eine äußerst stabile Positionierung und erhöhte Stoßfestigkeit sorgt. Der Oszillator ist zudem auf von Rolex entwickelten und patentierten Hochleistungs-Stoßdämpfern aus Paraflex gelagert. Das Kaliber 2236 ist mit der von der Marke hergestellten und patentierten Silikon-Syloxi-Spirale ausgestattet, während das Kaliber 3235 eine optimierte Version der blauen Parachrom-Spirale enthält, die von Rolex mit einer paramagnetischen Legierung hergestellt wird. Diese beiden Spiralfedern sind nicht nur unempfindlich gegenüber magnetischen Feldern, sondern zeichnen sich auch durch eine hohe Stabilität bei Temperaturschwankungen aus. Die Geometrie der Syloxi-Spirale im Kaliber 2236 garantiert, dass das Uhrwerk in jeder Position gleichmäßig läuft, während die blaue Parachrom-Spirale im Kaliber 3235 mit einer Rolex-Spirale ausgestattet ist, die das identische Maß an Gleichmäßigkeit gewährleistet.

Das Kaliber 2236 enthält ein paramagnetisches Nickel-Phosphor-Hemmungsrad. Das Kaliber 3235 verfügt über die patentierte Chronergy-Hemmung mit der gleichen Legierung.

CHRONOMETER
CERTIFIED

Das Modell Datejust 31.

ZIFFERBLATT: Auf der Baseler Messe 1954 stellte Rolex eine bedeutende Innovation vor: die Zykloplupe. Dabei handelt es sich um eine kleine Vergrößerungslinse, die auf dem Uhrenglas über der Datumsöffnung angebracht ist und einen besseren Blick auf das darunterliegende Datum ermöglicht. Dieses Merkmal wurde bald auf alle Modelle mit Datumsanzeige übertragen und zu einem Markenzeichen von Rolex.

GEHÄUSE: Die Datejust wurde zunächst mit einer gerippten »Münzrand«-Lünette eingeführt; im Laufe der Zeit waren auch Modelle mit glatter Lünette oder anderen Verzierungen erhältlich, darunter Wellenschliff, Leinenstruktur oder Rillen.

ARMBAND: 1956 wurde das President-Armband eingeführt, das im Wechsel mit dem Jubilee-Armband angeboten wurde.

Sie garantieren gleichzeitig eine hohe Energieeffizienz und extreme Zuverlässigkeit; zudem sind sie unempfindlich gegenüber Magnetfeldern.

Beide Kaliber verfügen über ein automatisches Aufzugsmodul mit einem Perpetual-Rotor. Dies sorgt für ein kontinuierliches Aufziehen der Triebfeder und liefert durch die Bewegung des Handgelenks stetig Energie. Das Kaliber 2236 weist eine Gangreserve von etwa 55 Stunden auf. Das Kaliber 3235 hingegen verfügt aufgrund seiner Federhaus-Architektur und der hohen Effizienz seiner Hemmung über eine Gangreserve von circa 70 Stunden.

Die Datejust ist als »Chronometer der Superlative« zertifiziert. Je nach Ausführung ist die Datejust 31 mit einem dreiteiligen Oyster-Armband mit Oyster-Schließe, einem fünfteiligen Jubilee-Armband (das 1945 speziell für die Datejust entworfen wurde) oder einem dreiteiligen President-Armband ausgestattet. Jubilee- und President-Armbänder verfügen über eine Kronenschließe. Die Datejusts 36 und 41 werden je nach Ausführung mit einem dreiteiligen Oyster-Armband oder einem fünfgliedrigen Jubilee-Armband kombiniert; sie sind jeweils mit einer Oyster-Schließe ausgestattet. Ein verdecktes Befestigungssystem sorgt für eine perfekte optische Verbindung zwischen Armband und Gehäuse. Die Armbänder mit Oyster-Schließe sind mit dem von Rolex entwickelten Easylink-Komfortverlängerungsglied ausgestattet, das eine unkomplizierte Längenanpassung um circa 5 Millimeter ermöglicht, um in jeder Situation den Tragekomfort zu erhöhen. Das President-Armband, das mit allen Goldversionen der Datejust 31 geliefert wird, verfügt über Keramikeinsätze in den Gliedern, um die Flexibilität am Handgelenk und eine hohe Haltbarkeit zu gewährleisten.

Golf-Champion Jon Rahm trägt eine Datejust 36.

ROLEX
PEBBLE BEACH
CONCOURS d'ELEGANCE
BEST OF SHOW
2022
ROLEX
OYSTER PERPETUAL
DATEJUST
28
SUPERLATIVE CHRONOMETER
OFFICIALLY CERTIFIED
SWISS MADE

Das Modell Datejust 41.

Submariner

Im Jahr 1953 stellte Rolex mit der Submariner die erste Taucherarmbanduhr vor, die garantiert bis zu einer Tiefe von 100 Metern wasserdicht war.

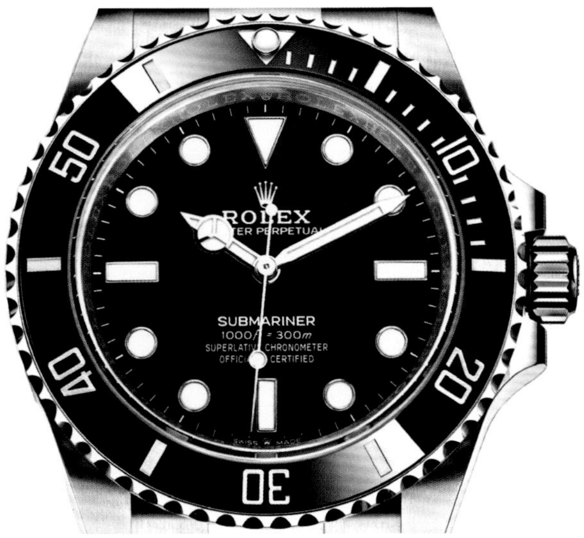

Aufgrund ihrer Wasserdichtheit kamen Rolex-Uhren naturgemäß häufig bei Tauchaktivitäten zum Einsatz. Die Entstehung der Submariner ist eng mit der Entwicklung des Tauchens verbunden. In den frühen 1940er-Jahren stellte das aufkommende Sporttauchen eine einschneidende Wende für die Erforschung der Tiefsee dar, und die Entwicklung und Herstellung von Taucherarmbanduhren entsprach den Bedürfnissen der Experten dieser Disziplin. Hierbei nahm Rolex eine gravierende Rolle ein, insbesondere dank des 1926 patentierten Oyster-Gehäuses. Mit der Selbstverpflichtung, die am besten geeignete Uhr für die Bedürfnisse von Tauchern zu entwickeln, initiierte das Unternehmen Anfang der 1950er-Jahre einen Entwicklungsprozess, der zu zahlreichen, meist sehr erfolgreichen Kooperationen mit Pionieren des Tauchsports führte.

Die durchgeführten Untersuchungen und die daraus resultierenden technischen Entwicklungen führten 1953 zur Einführung der Submariner, der ersten Taucherarmbanduhr, die bis zu einer Tiefe von 100 Metern wasserdicht war.

Schon kurz nach ihrer Entwicklung verzeichnete die Submariner erste Erfolge bei den Tiefseetaucher-Pionieren. Der erste, der ihre Leistungsfähigkeit bestätigte, war der französische Ingenieur und Entdecker Dimitri Rebikoff. Im Laufe von fünf Monaten führte Rebikoff 132 Tauchgänge mit einer Submariner-Uhr durch, bei denen er die Uhr in Tiefen zwischen 12 und 60 Metern brachte. Der Bericht, den er 1953 vorlegte, war äußerst positiv: »Wir können bestätigen, dass diese Uhr nicht nur unter extrem harten und für das verwendete Material besonders gefährlichen Tauchbedingungen zur vollen Zufriedenheit funktioniert hat, sondern dass sie sich auch als unentbehrliches Zubehör für alle Tauchgänge mit unabhängiger Ausrüstung erwiesen hat.« Rebikoff hob insbesondere den Nutzen der abgestuften, drehbaren Lünette hervor, die wesentlich zur Sicherheit der Taucher beitrug und Kontrolle über die unter Wasser verbrachte Zeit ermöglichte. Zudem lobte er die Robustheit der Uhr, die mehreren Stößen ausgesetzt war und eine beträchtliche Anzahl von Stunden im Meerwasser verbrachte.

Nur ein Jahr nach Einführung der Submariner konnte eine Wasserdichtheit bis zu einer Tiefe von 200 Metern erzielt werden. Schnell wurden weitere technische Neuerungen in den Zeitmesser integriert, darunter eine Leuchtscheibe auf dem Stundenzeiger, um ihn deutlich vom Minutenzeiger zu unterscheiden, und ein Schutz für die Aufzugskrone. Im Jahr 1969 führte Rolex ein Modell mit einer Datumsfunktion ein: die Submariner Date. Ihre Wasserdichtheit, damals garantiert bis zu einer Tiefe von 200 Metern, konnte im Jahr 1979 auf 300 Meter gesteigert werden.

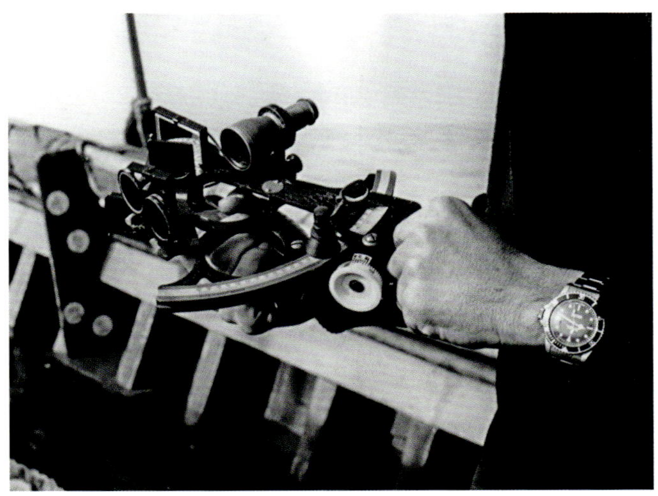

Im Jahr 1966 gab es noch kein GPS: Als Navigationsinstrumente dienten ein Sextant, die Sterne und eine Rolex-Uhr.

Das Submariner-Modell mit Datumsfunktion: die Submariner Date, 1969.

Auch die Wasserdichtheit der Submariner wurde ab 1989 für diese Tiefe weiterentwickelt. Konzipiert als professionelles Werkzeug für die Unterwasserforschung und das Tauchen, wurde die Submariner zum Symbol für Praktikabilität und vielseitige maskuline Eleganz; sie avancierte schon bald zum Statussymbol. Zu diesem Image trugen zwei sehr unterschiedliche Charaktere bei, die in Bezug auf ihre Medienwirkung gleichermaßen relevant waren. Ein Beispiel ist Sean Connery in der Rolle als Agent 007. In der Eröffnungssequenz des Films *Goldfinger* (1964) taucht er mit einer Tauchausrüstung ins Meer, um in den feindlichen Stützpunkt einzudringen und einige Sprengladungen anzubringen. In einer Bar angekommen, zieht er seine Tauchausrüstung aus, und darunter kommt eine makellose Abendgarderobe zum Vorschein. So gekleidet, nippt James Bond verschmitzt an seinem Drink und misst dann über die drehbare Lünette seiner Rolex Submariner die verbleibende Zeit bis zur Detonation der Bomben. Die Explosion bringt die gesamte Bar zum Beben, die er schließlich ausdruckslos und unbemerkt verlässt. Der zweite Imageträger war Ernesto »Che« Guevara. Er wurde auf einem Foto in olivgrüner Uniform verewigt, auf dem er den ersten Zug einer seiner geliebten Montecristos genießt, mit einer Submariner am Handgelenk. Der Zeitmesser wurde so zum Archetyp der Action-Uhr.

Im Laufe der Jahre haben sich die Submariner und die Submariner Date von der Assoziation mit Wasser gelöst und zunehmend auch den Boden erobert.

Der amerikanische Anthropologe Johan Reinhard trug eine Submariner bei seinen Erkundungen in verschiedenen Umgebungen und Klimazonen: »Ich trage seit 17 Jahren eine Rolex Submariner und habe sie auf der ganzen Welt bei Bergsteigerexpeditionen (einschließlich des Mount Everest), archäologischen Unterwasserforschungen (einschließlich des höchsten Tauchgangs der Welt in Nordchile), Wüstendurchquerungen, Fallschirmspringen, Dschungelforschungen und bei zahlreichen anthropologischen Untersuchungen getragen. Ich bezweifle, dass es Menschen gibt, die eine Rolex-Uhr über einen derartigen Zeitraum hinweg schlimmeren Strapazen ausgesetzt haben. Und doch funktioniert sie immer noch perfekt.«

Das Modell Submariner Date in schwarzer Ausführung mit weißen Indizes.

ROLEX
= 300m
CERTIFIED
SWISS
MADE

Im Jahr 2020 präsentierte Rolex die neue Generation der Oyster Perpetual Submariner und der Oyster Perpetual Submariner Date – beides Modelle, die für die historische Verbindung zwischen Rolex und der Welt des Tauchsports stehen. Heute verfügen beide Uhren über ein auf 41 Millimeter Durchmesser vergrößertes Gehäuse und ein Armband mit entsprechenden Proportionen. Die Zeitmesser sind mit den Kalibern 3230 und 3235 ausgestattet, wobei das letztere Modell sowohl das Datum als auch die Uhrzeit anzeigt.

Getreu der ursprünglichen Ästhetik hat die Submariner in Oystersteel ein schwarzes Zifferblatt und eine drehbare Lünette mit Cerachrom-Einsatz. Die Ausgabe der Submariner Date in gelbem Rolesor (eine Kombination aus Oystersteel und Gelbgold) weist ein königsblaues Zifferblatt und eine drehbare Lünette mit blauem Cerachrom-Einsatz auf. Zwei Versionen der Submariner Date, die erste in Oystersteel und die zweite in Weißgold, verfügen über ein Zifferblatt und eine drehbare Lünette mit einem Cerachrom-Einsatz in zwei verschiedenen Farben. In der ersten ist ein schwarzes Zifferblatt mit einer grünen Lünette kombiniert, in der zweiten ein schwarzes Zifferblatt mit einer blauen Lünette. Die Submariner und die Submariner Date verfügen jeweils über eine Chromalight-Anzeige: Zeiger und Indizes sind mit einer langlebigen Leuchtmasse beschichtet oder gefüllt, die ein blaues Licht erzeugt, wenn sich die Uhr in einer dunklen Umgebung befindet. Die Null auf der Skala der Lünette wird durch ein Dreieck dargestellt und ist dank einer Kapsel, die denselben Leuchtstoff enthält, auch im Dunkeln sichtbar.

Das Modell Oyster Perpetual Submariner Date als gelbe Rolesor-Version mit blauem Cerachrom-Einsatz.

Das Modell Oyster Perpetual Submariner Date in Edelstahl mit schwarzem Zifferblatt und blauer Lünette.

ZIFFERBLATT: Bei einem Tauchgang die Uhrzeit fehlerfrei ablesen zu können, ist ein Überlebensfaktor. Daher ist das Zifferblatt der Submariner und Submariner Date einfach und übersichtlich gestaltet. Die in Form und Größe klar unterschiedenen Stunden- und Minutenzeiger sowie die Indizes mit ihren einfachen geometrischen Formen – Dreieck, Kreise und Rechtecke – helfen dem Träger, die Zeit sofort und zuverlässig abzulesen, um Irrtümer unter Wasser auszuschließen.

GEHÄUSE: Die Submariner und die Submariner Date verfügen über eine drehbare Lünette mit einem graduierten Einsatz. Er ermöglicht es Tauchern, die unter Wasser verbrachte Zeit zu messen und so die Atemgasreserven zu verwalten. Die Sicherheit des Oyster-Gehäuses wird durch die Aufzugskrone erhöht. Diese verschraubte Krone, »Twinlock« genannt, wurde im Laufe der Zeit perfektioniert und verfügt über zwei wasserdichte Zonen.

ARMBAND: Die Submariner und die Submariner Date sind mit einem Oyster-Armband ausgestattet. Dieses in den späten 1930er-Jahren entwickelte dreigliedrige Armband zeichnet sich durch besondere Robustheit aus. Das Oyster-Armband der neuen Uhren ist mit einer von Rolex entwickelten, patentierten Oysterlock-Faltschließe ausgestattet, die ein versehentliches Öffnen verhindert. Außerdem verfügt das Armband über ein ebenfalls von Rolex entwickeltes, patentiertes Glidelock-Verlängerungssystem. Diese ausgeklügelte Vorrichtung mit einer unter der Schnallenabdeckung integrierten Zahnstange lässt sich mithilfe eines gezahnten Schiebeglieds einstellen, das in der ausgewählten Kerbe einrastet. Das Rolex-Glidelock am Oyster-Armband verfügt über zehn Einkerbungen im Abstand von etwa 2 Millimetern, sodass sich die Länge des Armbands unkompliziert und ohne Einsatz von Werkzeugen um etwa 20 Millimeter verstellen lässt.

Wie alle Rolex-Uhren verfügen auch diese beiden Modelle über eine »Superlative Chronometer«-Zertifizierung. Die neuesten Versionen der Submariner und Submariner Date sind mit den Kalibern 3230 bzw. 3235 ausgestattet, die gänzlich von Rolex entwickelt und hergestellt wurden. Beide Kaliber werden von einem Automatikmodul mit Perpetual-Rotor angetrieben und verfügen dank ihrer Federhaus-Architektur und der überragenden Effizienz ihrer Hemmung über eine Gangreserve von etwa siebzig Stunden.

Der Filmemacher und Entdecker James Cameron besitzt seit Jahren eine Oyster Perpetual Submariner. »Die Submariner war mein ständiger Begleiter während meiner Arbeit als Tiefseeforscher und bei meiner Filmkarriere. Diese Uhr verkörpert das, was ich anstrebe – stark und zuverlässig auf lange Sicht, nach Exzellenz strebend, aber unaufdringlich, stilvoll, aber nicht glitzernd oder aufdringlich, nie protzig, aber keinesfalls anonym. Und sie liebt den Ozean – sie liebt das Wasser und hat keine Angst vor Druck. Wie ich.«

Explorer

Die Oyster Perpetual Explorer symbolisiert die enge Beziehung, die Rolex seit den 1930er-Jahren mit der Welt der Forschung und Wissenschaft verbindet.

Mit Hans Wilsdorf wurde die Armbanduhr neu definiert: Sie war nicht mehr ein zierliches Schmuckstück, sondern ein echtes Instrument mit einer Robustheit, die den Elementen – wie etwa Luftfeuchtigkeit – standhielt, ohne dass die Präzision darunter litt. Bereits in den 1930er-Jahren begann Rolex damit, verschiedene Himalaja-Expeditionen auszurüsten, um die Funktionsweise der Uhren unter extremen Bedingungen in großen Höhen zu testen. Die hierbei gewonnenen Informationen flossen direkt in die Entwicklung der Rolex-Uhren ein und ermöglichten höhere Präzision und Haltbarkeit.

Dieser bahnbrechende Ansatz verdeutlicht die Intention der Marke, die Welt als eine Art »natürliches Labor« zu nutzen, um die Rolex-Uhren unter realen Bedingungen zu testen und dadurch kontinuierlich zu perfektionieren.

Im Jahr 1933 wurden Rolex-Uhren von einer Gruppe von sechzehn Männern bei der englischen Everest-Expedition unter der Leitung von Hugh Ruttledge getestet. Einige der Männer erklommen fast eine Höhe von 8.580 Metern, aber das

Sir Edmund Hillary und Sherpa Tenzing Norgay erreichten den Gipfel des Mount Everest am 29. Mai 1953, beide trugen eine Rolex-Uhr.

schlechte Wetter zwang sie zur Umkehr. Der Everest sollte noch für weitere zwanzig Jahre ein fernes Ziel bleiben, bis Sir Edmund Hillary und Sherpa Tenzing Norgay nach den letzten Schlägen ihrer Eispickel am 29. Mai 1953 um 11:30 Uhr den Gipfel erreichten.

»Die Rolex-Oyster-Perpetual-Uhren, mit denen die Mitglieder des britischen Teams ausgestattet waren, haben auf dem Everest erneut ihre Zuverlässigkeit bewiesen«, schrieb der Leiter der Expedition, Sir John Hunt, nach seiner Rückkehr. »Wir waren hocherfreut, dass sie die Zeit so genau anzeigen. Dadurch wurde sichergestellt, dass die Synchronisation der Zeit zwischen den Teammitgliedern durchgehend aufrechterhalten wurde. [...] Sie haben großartige Arbeit geleistet, und die Rolex Oysters waren wirklich ein wichtiger Teil der Kletterausrüstung.« Diese Modelle von Rolex, die auch von Sir Edmund Hillary und Tenzing Norgay getragen wurden, hatten nicht das ikonische Explorer-Zifferblatt mit arabischen Ziffern, das für seine gute Ablesbarkeit bekannt war. Stattdessen wiesen sie ein weißes Zifferblatt mit aufgesetzten Indizes und ein »extralanges«-Armband auf. Diese Oysters verfügten über ein »Bubbleback«-Gehäuse (von den Italienern »Ovettone« oder »großes Ei« genannt), so bezeichnet wegen seiner besonders abgerundeten Rückseite.

Die Explorer wurde noch im selben Jahr auf den Markt gebracht, in dem die beiden Bergsteiger die Hochleistung erbracht hatten.

ROLEX
OYSTER PERPETUAL
EXPLORER
SUPERLATIVE CHRONOMETER
CERTIFIED

Die Abenteuer der Rolex-Uhren auf den verschiedensten Gipfeln gingen weiter. Im Jahr 1954 bestieg eine italienische Expedition, deren Mitglieder mit einer Oyster Perpetual ausgestattet waren, den zweithöchsten Berg der Welt, den K2 (8.611 Meter hoch). Achille Compagnoni, einer der Männer, die den Gipfel erreichten, schrieb später: »Ihre Rolex-Uhr begleitete mich während der gesamten Expedition und funktionierte perfekt, sogar über der 8.000-Meter-Marke.« Im Jahr 1955 bezwang eine britische Expedition den Kangchendzönga, den dritthöchsten Gipfel der Welt (8.586 m). George C. Band, der zu dem Team gehörte, das diese Leistung vollbrachte, erklärte: »Ich habe während der gesamten Expedition meine Rolex Explorer getragen. Sie können sich vorstellen, wie wichtig es ist, eine Uhr zu haben, um die man sich nicht kümmern muss; sie hat die Zeit sehr gut gehalten, sich selbst aufgezogen und nichts schien ihr etwas anhaben zu können – weder Wasser, Schnee noch harte Stöße.« Und Charles Evans, der Leiter der Expedition, fügte hinzu: »Meine eigene Rolex war für mich von unschätzbarem Wert.«

Das Modell Explorer, Version mit Lederarmband.

Die erste Referenz der Explorer war die 6350. Sie wies bereits alle Merkmale auf, die auch heute noch das Design der Rolex Explorer kennzeichnen: ein schwarzes, glänzendes Zifferblatt, Stabindexe, ein Sekundenzeiger und arabische Leuchtziffern bei 3, 6 und 9 Uhr sowie ein Dreieck bei 12 Uhr. Die Minutenziffern sind in einen Kapitelring (oder eine durchgehende Minuterie) integriert. Einige Exemplare der Referenz 6350, die heute den Spitznamen »Honigwabe« (»honeycomb«) tragen und bei Sammlern sehr begehrt sind, weisen ein einzigartiges Guillochier-Muster mit Wabenstruktur auf dem Zifferblatt auf.

Auf die Referenz 6350 folgten zunächst die 6610 und dann die 1016. Letztere erwies sich als besonders langlebig und wurde von den frühen 1960er-Jahren bis etwa 1989 produziert. Während dieser Zeit wurde das Modell zwar aktualisiert, aber nie gänzlich verändert. Die Referenz 1016 zeichnet sich durch ein mattschwarzes Zifferblatt, versenkte Leuchtindizes und arabische Ziffern auf den Scharnieren aus. Die Minuterie ist noch immer vergoldet, aber nun offen und nicht mehr von einem Ziffernring umgeben wie bei der Referenz 6610. Die Explorer 1016 war die letzte Rolex, die ein Acrylglas aufwies.

ZIFFERBLATT: Das schlichte, kontrastreiche Zifferblatt sichert in allen Situationen eine sehr gute Ablesbarkeit. Dank der Chromalight-Anzeige (mit Indizes, Kennziffern bei 3, 6 und 9 und Zeigern, die mit einem langlebigen Leuchtstoff gefüllt oder beschichtet sind) ist dies auch bei Dunkelheit der Fall.

GEHÄUSE: Die Rolex Explorer, mit einem Durchmesser von 36 Millimetern. Im Jahr 2021 wurden die Abmessungen der Uhr wieder an die ursprüngliche Version von 1953 angepasst, nachdem sie 2010 auf 39 Millimeter verbreitert worden waren.

ARMBAND: Die Explorer verfügt über ein dreiteiliges Oyster-Armband, das mit einer Oysterlock-Sicherheitsschließe ausgestattet ist, die ein versehentliches Öffnen verhindert. Zudem ist die Uhr mit dem Easylink-Komfortverlängerungsglied ausgestattet, mit dem sich die Länge des Armbands um etwa 5 Millimeter verstellen lässt, um den Tragekomfort in jeder Situation zu erhöhen. Ein verdecktes Befestigungssystem sorgt für perfekte optische Einheit zwischen Armband und Gehäuse.

Im Jahr 1990 kam die neue Referenz 14270 auf den Markt, die mit einem kratzfesten Saphirglas ausgestattet war. Auf dem schwarzen Lackzifferblatt sind neben den verbreiterten arabischen Ziffern weißgoldene, mit Leuchtmasse gefüllte Indizes zu sehen. Die 2010 vorgestellte Referenz 214270 war mit einem 39-mm-Gehäuse ausgestattet.

Im Jahr 2021 wurden die Abmessungen wieder an die 1953 eingeführte Originalversion angepasst. Das neue Design weist wieder ein Gehäuse mit einem Durchmesser von 36 Millimetern auf, und das Armband wurde in der Größe angeglichen. Das schwarze Zifferblatt ist dank der Chromalight-Anzeige auch im Dunkeln deutlich ablesbar: Die charakteristischen Ziffern bei 3, 6 und 9 sowie die Zeiger sind mit einem langlebigen Leuchtstoff gefüllt oder beschichtet, der doppelt so lange blau leuchtet wie herkömmliche Leuchtstoffe.

Die Explorer verfügt über eine »Superlative Chronometer«-Zertifizierung, die von Rolex im Jahr 2015 neu definiert wurde. Das Oyster-Gehäuse der Explorer ist bis zu einer Tiefe von 100 Metern wasserdicht und bietet dem darin enthaltenen Uhrwerk optimalen Schutz. Die jüngste Version der Explorer ist mit dem Kaliber 3230 ausgestattet, einem mechanischen Uhrwerk mit Automatikaufzug, das eine hohe Leistung in Bezug auf Präzision, Autonomie, Stoßfestigkeit, Komfort und Zuverlässigkeit gewährleistet. Das Kaliber 3230 verfügt über einen Automatikaufzug mit Perpetual-Rotor, der eine Gangreserve von etwa siebzig Stunden garantiert.

Das schwarze Zifferblatt des Explorer-Modells ist dank des Chromalight-Displays auch im Dunkeln perfekt ablesbar.

9
3
6

GMT-Master

Die GMT-Master wurde Mitte der 1950er-Jahre entwickelt und galt als Pionier der »Dual-Time«-Funktion.

Nach dem verheerenden Zweiten Weltkrieg folgte in den 1950er-Jahren eine Zeit des wirtschaftlichen Aufschwungs. Durch die Entwicklung der Luftfahrtindustrie waren die führenden Fluggesellschaften in dieser Zeit erstmals in der Lage, Langstreckenflüge ohne Zwischenstopp anzubieten und in kurzer Zeit mehrere Zeitzonen zu durchqueren. Während die Entwicklung der Interkontinentalflüge einerseits einen Wendepunkt im Reiseverkehr darstellte, tauchte andererseits ein neues Problem für die Flugbesatzungen auf: der Jetlag. Er war Gegenstand mehrerer wissenschaftlicher Studien. Sie zielten darauf ab, die Auswirkungen des Phänomens zu mildern, das zu Ermüdung und Verwirrung bei Piloten und Bordpersonal führte.

Eine Methode zur Bekämpfung des Jetlags, die aus den verschiedenen Tests hervorging, bestand darin, über ein Gerät zu verfügen, das gleichzeitig die Zeitzone des Heimatlandes und die des Zielortes des Fluges anzeigen konnte. Das Management von Pan American World Airways, damals führend im weltweiten Luftverkehr, trat hierzu an Rolex heran. Es galt, ein Uhren-

Die originale GMT-Master-Broschüre von Rolex.

modell zu entwickeln, das half, die Auswirkungen des Jetlags zu lindern.

Nach einer Forschungsphase stellte sich die Marke mit der »Krone« dieser Herausforderung und entwickelte die GMT-Master, eine Oyster-Uhr, die in der Lage war, die Uhrzeit von zwei verschiedenen Zeitzonen gleichzeitig anzeigen. Sie sollte bald zur offiziellen Uhr verschiedener Fluggesellschaften werden. »GMT« steht für Greenwich Mean Time, also die Zeit am Nullmeridian, nach der die Zeit in allen Teilen der Welt berechnet wird. Bei diesem Modell wurde die zweite Zeitzone durch einen zusätzlichen Zeiger mit dreieckiger Spitze angezeigt, der alle 24 Stunden einen vollen Kreis vollzog und die Uhrzeit auf seiner einzigartigen Lünette mit der Skala von 0 bis 24 anzeigte. Diese Lünette konnte entsprechend der anzuzeigenden Zeitzone gedreht werden und stimmte so mit der klassischen Zeitanzeige auf dem Zifferblatt überein. Ein Ereignis, das die Rolex GMT-Master Ende der 1960er-Jahre noch enger mit der Welt der Luftfahrt verbinden sollte, war die Erprobung des neuen Überschallflugzeugs Concorde von Aérospatiale/BAC. Mit großem Stolz gab das Schweizer Unternehmen bekannt, dass beide Testpiloten des futuristischen Flugzeugs GMT-Master-Uhren von Rolex trugen.

Obwohl die GMT-Master ursprünglich für Berufspiloten entwickelt worden war, erreichte sie bald auch die Freizeitflieger und wurde zur Uhr der Jetsetter. Sie war ein Symbol für die Kultiviertheit einer elitären Gruppe, die sich über den Wolken bewegte und beruflich oder privat unterwegs war. Die GMT-Master war nicht länger nur den Pan-Am-Teams vorbehalten, sondern tauchte plötzlich auch an den Handgelenken berühmter Persönlichkeiten auf, von Pablo Picasso bis Che Guevara.

Die GMT-Master hatte unzählige Auftritte auf der Kinoleinwand. Eine der ersten, die sie trug, war die britische Schauspielerin Honor Blackman, das berühmte »Bond-Girl« Pussy Galore, an dessen Handgelenk das Model in verschiedenen Szenen des Films *Goldfinger* (1964) zu sehen war. Eine GMT-Master war auch am Handgelenk von Dustin Hoffman in *Straw Dogs* (1971) und *Marathon Man* (1976) erkennbar. Im Film *In the Line of Fire* (1993) trug Clint Eastwood eine Version mit zweifarbigem Edelstahl- und Gelbgoldarmband, braunem Zifferblatt und Lünette sowie goldfarbenen Indizes; sie erhielt den Spitznamen »Root Beer«, da das amerikanische Erfrischungsgetränk

Fidel Castro trägt eine GMT-Master.

ROLEX
OYST R PERPETUAL DATE
13
GMT-MASTER
SUPERLATIVE CHRONOMETER
OFFICIALLY CERTIFIED
SWISS

in ähnlichen Farben wie das Modell beworben wurde. Auch die Version, die Marlon Brando in der Rolle des Oberst Walter Kurtz in *Apocalypse Now* (1979) trug, wurde weltweit bekannt.

Im Film trägt die Figur Kurtz eine GMT-Master ohne drehbare Lünette; die Uhr wurde berühmt und erzielte bei einer Auktion einen hohen Preis.

Die GMT-Master ging vor allem wegen ihrer unverwechselbaren zweifarbigen Lünette in die Geschichte ein. Um das Ablesen der Uhr angenehm zu gestalten, entschied sich Rolex für eine bicolore Variante: Rot für die Tageszeit und Blau für die Nacht.

Die erste Version der GMT-Master wurde durch die Referenznummer 6542 repräsentiert, deren Bakelit-Lünette das Modell zwar leicht wiedererkennbar, aber extrem zerbrechlich machte, sodass es heute unglaublich schwierig ist, eine Uhr im Originalzustand zu finden. Ihre beiden Farben wurden sehr bald zum Symbol der GMT-Master, auch wenn das Genfer Unternehmen später noch andere Farbkombinationen zur Auswahl anbot. Zu der ursprünglichen blau-roten Lünette, die unter Sammlern liebevoll »Pepsi« genannt wird, gesellten sich weitere Modelle, die Spitznamen wie »Coca-Cola« (für ihre rot-schwarze Lünette), »Root Beer« (mit einer braun-goldenen Lünette) und »Batman« (blau-schwarz) erhielten.

Im Jahr 1959 wurde die Referenz 6542 durch die Referenz 1675 ersetzt, die bis in die 1970er-Jahre produziert wurde. Der Hauptunterschied bei dieser neuen Version war der Übergang vom ikonischen (und problematischen) Bakelit-Einsatz zu einem zweifarbigen Aluminiumeinsatz.

Version des GMT-Modells mit der Referenznummer 6542, mit einer Bakelit-Lünette.

Clint Eastwood trägt eine GMT-Master in dem Film *In the Line of Fire* von 1993.

Diese Lösung war besonders langlebig und vom Austausch des Einsatzes bis zur Umstellung auf Keramik im Jahr 2005 in Gebrauch. Das Gehäuse erhielt auch einen Kronenschutz. Im Jahr 1981 wurde die Referenz 16750 eingeführt. Ihr Uhrwerk wies eine Datumsschnellverstellung auf, blieb aber ästhetisch unverändert: Sie verfügte weiterhin über das matte »Buckshot«-Zifferblatt der Vorgängergeneration, das später durch ein glänzendes Zifferblatt (von den Italienern »bicchierini« – »kleine Gläser« – genannt) mit Indizes aus Tritium und Weißgoldeinfassung ersetzt wurde. Im Jahr 1988 kam die letzte Version der GMT-Master auf den Markt, die Referenz 16700, die mit einem Saphirglas ausgestattet war.

ZIFFERBLATT: Eine unverwechselbare, drehbare Lünette in Rot und Blau mit einer 24-Stunden-Teilung, die eine einfache Unterscheidung zwischen Tag und Nacht ermöglicht.

GEHÄUSE: Die Referenz 6542 ist nicht mit einem Kronenschutz ausgestattet.

ARMBAND: Die Uhr wurde zunächst mit einem Oyster-Armband versehen. Ab 1960 kam die Nachfolgeversion des ersten Modells, die Referenz 1675, als einziges Profimodell standardmäßig mit dem eleganten und weniger sportlichen Jubilee-Armband auf den Markt. Im Laufe ihrer langen Produktionszeit wurde die Uhr mit verschiedenen Edelstahl-, Gold- und Edelstahl-Gold-Armbändern ausgestattet.

Marlon Brandos Rolex in *Apocalypse Now* (1979), eine GMT-Master Referenz 1675, auf deren Gehäuseboden »M. Brando« eingraviert war.

Day-Date

Die 1956 vorgestellte Day-Date war die erste Uhr, die neben dem Datum auch den vollständigen Namen des Wochentags in einem kleinen Fenster auf dem Zifferblatt anzeigte.

Die innovative und revolutionäre Oyster Perpetual Day-Date ist vielleicht das renommierteste Modell des Unternehmens. Sie wurde von so vielen bedeutenden Persönlichkeiten getragen, dass sie in »President« umbenannt wurde. Die Uhr weist ein halbrundes Fenster bei 12 Uhr auf, das den Wochentag anzeigt, und ist in zahlreichen Sprachen verfügbar. Seit ihrer Einführung wird sie ausschließlich in Edelmetallen hergestellt: in Gelb-, Weiß- oder Everose-Gold sowie in Platin. Im Laufe der Jahre wurde sie von Politikern, Führungskräften und Visionären aus aller Welt getragen. Rund um den Globus ist die Day-Date sofort am Handgelenk zu erkennen, vor allem ihr President-Armband ist charakteristisch. Ebenso schicksalsträchtig ist ihr Name; angesichts der Männer von Format, die sie trugen, erhielt die Day-Date schon bald den Spitznamen »Präsidentenuhr«. Es heißt aber auch, dass Hans Wilsdorf nach dem Zweiten Weltkrieg gezielt begann, amerikanischen Präsidenten bestimmte Uhren zu überreichen: zuerst die Datejust, die er Dwight D. Eisenhower schenkte, später dann dieses Modell.

John F. Kennedy ging als der Präsident in die Geschichte ein, der keine Rolex trug, weil er ein Geschenk des Unternehmens ablehnte. Eine goldene Day-Date mit der Gravur »Jack, with love as always from Marilyn« wurde 2005 versteigert. Der Legende nach schenkte sie ihm Marilyn Monroe 1962 zu seinem Geburtstag, an dem Tag, an dem sie öffentlich »Happy Birthday, Mr. President« sang. Der Seriennummer zufolge wurde die Uhr jedoch 1965 hergestellt, zwei Jahre nach der Ermordung Kennedys. Über die Wahrheit lässt sich also nur spekulieren. Kennedys Nachfolger Lyndon B. Johnson war der erste Präsident, der offiziell eine gelbgoldene Day-Date mit dem President-Armband trug.

Die Day-Date wurde als etwas sehr Kostbares präsentiert: Sie verfügt über einen Kalender, der den Wochentag in einem halbrunden Fenster bei 12 Uhr und das Datum in einem weiteren Fenster bei 3 Uhr anzeigt. Das Display basiert auf einem Scheibenmechanismus, bei dem der Wochentag und das Datum gleichzeitig wechseln. Laut einem Rolex-Katalog aus dem Jahr 1963 existierte der Kalender in elf Sprachen; heute ist die Wochentag-Anzeige in sechsundzwanzig Sprachen erhältlich.

Die ersten Day-Date-Uhren waren die Referenz 6510, mit einer glatten Lünette, und die Referenz 6511, mit einer geriffelten »Coin-Edge«-Lünette. Beide wurden durch das Kaliber 1055 angetrieben. Die Dicke des Mechanismus verlieh dem Gehäuse ein leicht gewölbtes Aussehen. Ein Jahr später wurden diese Modelle durch die Referenz 6611 mit einer kannelierten Lünette, die Referenz 6612 mit einer glatten Lünette und die Referenz 6613 mit einer diamantbesetzten Lünette ersetzt. Der wesentliche Unterschied war auf Ebene der Mechanik, die Einführung der neuen Unruh mit Microstella-Schrauben zur Regulierung. Durch diese Änderung des Uhrwerks erhielt die Referenz 6611 Rolex Day-Date die prestigeträchtige Auszeichnung »Superlative Chronometer«-Zertifikat, das die Präzision der Uhr bescheinigt.

Im Jahr 1959 wurde die Serie Referenz 18XX in einer Vielzahl von Varianten eingeführt, die sich durch ein schlankeres Gehäuse mit dem Kaliber

Die Präsidenten Dwight D. Eisenhower und Lyndon B. Johnson. Johnson trägt eine Day-Date.

1555 (mit einer Frequenz von 18.000 Halbschwingungen) auszeichneten. Nach 1965 wurde das Werk durch das Nachfolgekaliber 1556 (19.800 Halbschwingungen) ersetzt. Der einzige Unterschied zwischen den Referenznummern war das Dekor: 1802 hatte eine glatte Lünette, 1803 eine geriffelte und 1804 eine diamantbesetzte.

Eine Version des Modells Day-Date, verziert mit Diamanten und farbigen Baguette-Steinen (mit stäbchenförmigem Schliff).

Die Referenzen 1806, 1807 und 1811 wiesen jeweils die Schliffformen »Florentine«, »Bark« und »Morellis« auf.

Im Jahr 1972 erweiterte Rolex das Uhrwerk um eine »Hacking Seconds«-Funktion, die für die perfekte Synchronisation der Uhr nützlich war. Die Referenz 1803 wurde bis 1977 produziert und entwickelte sich zur klassischen, ikonischen Day-Date. Wie ihre Vorgängerinnen wurde sie nur in Gold produziert – in Gelb-, Rosé- und Weißgold – sowie in einer seltenen Version aus Platin.

Eine Besonderheit der 1970er-Jahre waren die begehrten Emaille-Zifferblätter, die es in einer breiten Palette leuchtender Farben gab – darunter Mauve, Gelb, Koralle, Türkis, Blau, Grün, Orange und Ochsenblut –, und die nach dem Namen der Genfer Firma, die sie herstellte, »Lacquered Stella« (»lackierte Stella«) benannt wurden.

Im Jahr 1977 gab es einige Neuerungen: Ein Saphirglas und ein neues Uhrwerk, sowie bei der Nummer 3055 ein schnell verstellbares Datum gingen einher mit der Einführung fünfstelliger Referenznummern. Die letzte Ziffer gibt das Material des Gehäuses an und folgt einer präzisen Norm, die jedem Metall eine Nummer zuordnet.

Mit dieser Serie wurde eine der luxuriösesten und exklusivsten Rolex Day-Dates geboren: die Tridor, die sich durch die außergewöhnliche Kombination aller drei Goldtöne auszeichnet.

Das Kaliber 3155 wurde 1988 eingeführt, ihr charakteristisches Merkmal war die doppelte Schnellverstellung, mit der das Datum und der Wochentag unabhängig voneinander eingestellt werden konnten. Die mit diesem Uhrwerk ausgestattete Serie Day-Date wurde von 1988 bis 2000 hergestellt.

Eine neue Version der Day-Date kam im Jahr 2000 auf den Markt, die Serie 118XXX mit sechsstelliger Nummerierung. Die wichtigste Neuerung stellte jedoch 2008 die Einführung der Day-Date II dar, die ein 41-mm-Gehäuse hatte und bis zu einer

MONDAY
ROLEX
OYSTER PERPETUAL
DAY-DATE
28
SWISS MADE

Regisseur Martin Scorsese, Markenbotschafter von Rolex.

Tiefe von 100 Metern wasserdicht war, ganz im Sinne des modernen Rolex-Konzepts.

Die Day-Date 40 wurde 2015 mit einem neuen Uhrwerk vorgestellt und trug die Nummer 3255. Das Modell ist auch heute noch bei Rolex erhältlich, ebenso wie die 36-mm-Version.

Das Oyster-Gehäuse der Day-Date, mit einem Durchmesser von 36- oder 40-Millimetern, ist garantiert bis zu einer Tiefe von 100 Metern wasserdicht. Die Twin-Lock-Aufzugskrone mit doppelter Wasserdichtheit ist fest mit dem Gehäuse verschraubt. Die Lünette ist in geriffelter oder diamantenbesetzter Form erhältlich. Das Glas mit einer Zykloplupe bei 3 Uhr, die das Ablesen des Datums erleichtert, ist aus kratzfestem, entspiegeltem Saphir gefertigt.

Seit 2022 sind die Day-Date 36 und die Day-Date 40 mit dem Kaliber 3255 ausgestattet, einem mechanischen Uhrwerk mit Automatikaufzug, das vollständig von Rolex entwickelt und hergestellt wurde.

Der Oszillator des Kalibers 3255 ist mit einer großen Unruh mit variabler Ganggenauigkeit ausgestattet und kann mithilfe von goldenen Microstella-Muttern äußerst präzise reguliert werden. Sie wird von einer höhenverstellbaren Traversier-

MONDAY
ROLEX
SUPERLATIVE CHRONOMETER

Das Kaliber 3255 verfügt über einen Automatikaufzug mit Perpetual-Rotor.

ZIFFERBLATT: Seit 2022 wird die Day-Date mit Zifferblättern in einer sehr breiten Palette von Farben und Materialien angeboten, von »Rolex-Grün« über Olivgrün und Onyx bis hin zu Meteorit. Auch Zifferblätter mit Diamantbesatz sind erhältlich.

GEHÄUSE: Die Day-Date ist in zwei Durchmessern (36 und 40 Millimeter) verfügbar und wird auch in edelsteinbesetzten Varianten angeboten.

ARMBAND: Ein charakteristisches Merkmal der Day-Date ist das President-Armband mit drei abgerundeten Gliedern, das speziell für diese Uhr entwickelt wurde. Die Crownclasp-Schließe ist eine Faltschließe, deren Öffnungs- und Schließsystem sich unter einem kleinen Hebel in Form einer Rolex-Krone verbirgt und somit völlig unsichtbar ist.

brücke gehalten, die für eine stabile Positionierung und erhöhte Stoßfestigkeit sorgt. Der Oszillator ist außerdem auf einem von Rolex entwickelten, patentierten Hochleistungs-Paraflex-Antischocksystem montiert. Das Kaliber 3255 enthält eine optimierte Version der blauen Parachrom-Spiralfeder, die von Rolex aus einer paramagnetischen Legierung hergestellt wird. Die Spiralfeder ist unempfindlich gegenüber Magnetfeldern und zeichnet sich durch eine hohe Stabilität bei Temperaturschwankungen aus. Sie ist mit einer Rolex-Spirale ausgestattet, die die Gleichmäßigkeit in jeder Position gewährleistet. Das Uhrwerk ist mit der patentierten Chronergy-Hemmung aus Nickel-Phosphor ausgestattet, die eine hohe Energieeffizienz und große Zuverlässigkeit garantiert. Zudem ist sie unempfindlich gegenüber Magnetfeldern.

Das Kaliber 3255 verfügt über ein automatisches Aufzugsmodul mit Perpetual-Rotor, das den kontinuierlichen Aufzug der Triebfeder ermöglicht und durch die Bewegungen des Handgelenks konstante Energie liefert. Dank der Architektur des Federhauses und der hohen Effizienz der Hemmung verfügt es über eine Gangreserve von etwa siebzig Stunden. Die Day-Date weist eine »Superlative Chronometer«-Zertifizierung auf.

Das speziell für die Day-Date entworfene und 1956 vorgestellte President-Armband unterstützt mit seiner Eleganz und seinem prägnanten Stil die Wertigkeit der Uhr.

Tennis-Champion Roger Federer trägt das Modell Day-Date mit President-Armband.

Milgauss

Dieses 1956 eingeführte Modell, das vor allem bei den Wissenschaftlern des CERN (Europäische Organisation für Kernforschung) in Genf großen Anklang fand, erinnert an die historischen Verbindungen zwischen Rolex und der Welt der wissenschaftlichen Forschung.

In Bereichen wie der Telekommunikation, der Raumfahrtindustrie, der Elektrotechnik oder der Medizintechnik ist der Einfluss von Magnetfeldern besonders offensichtlich. Magnetismus ist ein Element, das den korrekten Betrieb einer mechanischen Uhr erheblich stört. Die Bestandteile des Uhrwerks können magnetisiert werden, insbesondere die Hemmung und der Oszillator – die Hüter der Präzision einer Uhr. Je nach Intensität und Dauer der Einwirkung von Magnetfeldern kann eine Uhr erhebliche Gangabweichungen aufweisen oder sogar stehen bleiben. Ein Magnetfeld von 50 bis 100 Gauß reicht aus, um die Zuverlässigkeit und Präzision einer mechanischen Uhr zu beeinträchtigen. (Zum Vergleich: Der Magnetismus eines handelsüblichen Magneten liegt bei 200 Gauß bei einem Abstand von 5 Millimetern.)

Rolex gelingt es seit 1965, die Auswirkungen von Magnetfeldern zu umgehen. In dem Jahr entwickelte die Marke eine Uhr, die einer Interferenz von 1000 Gauß standhalten kann – daher ihr Name, der die französische Zahl Tausend (mille) mit der Maßeinheit für den magnetischen Fluss kombiniert –, und zugleich in der Lage ist, eine hervorragende chronometrische Leistung zu erbringen. Um dieses wichtige Ziel zu erreichen, griff Rolex auf eine ebenso einfache wie geniale Maßnahme zurück: Das Milgauss-Kaliber wurde in einem »magnetischen Schild« aus Weicheisen untergebracht, der wie ein »Faradaykäfig« wirkt und das Innenleben von allen äußeren elektromagnetischen Feldern abschirmt. Das Uhrwerk, das von den damals bereits im Einsatz befindlichen Rolex-Kalibern abgeleitet worden war, wurde ebenfalls mit Komponenten aus einer speziellen antimagnetischen Legierung ausgestattet.

Die Milgauss war ein Modell, dessen Zielgruppe zunächst auf Fachleute ausgerichtet war. Bereits 1954 wurde ein Prototyp vorgestellt: die Referenz 6543, bei der die antimagnetische Isolierung durch einen sehr dicken Gehäuseboden in Kombination mit einem Weicheisenband rund um das Uhrwerk gewährleistet war.

Diese Ausgabe hatte noch einen geraden Sekundenzeiger. Im Jahr 1956 erschien das nächste Modell mit der Nummer 6541, das als erstes den antimagnetischen »Schild« verwendete, einen zweiteiligen Behälter aus Weicheisen, der das Uhrwerk im Inneren versiegelte. Mit diesem Modell wurde auch der charakteristische Blitzsekundenzeiger eingeführt, der zu seinem Erkennungsmerkmal werden sollte.

Anfang der 1960er-Jahre kam die Milgauss 1019 auf den Markt. Sie zeichnete sich durch ein schlichteres Design aus: Die abgestufte Lünette wich einer einfachen, glatten Lünette, und auch das Uhrwerk war in zwei antimagnetischen Abdeckungen untergebracht. Das Zifferblatt war in einer silbernen oder schwarzen Version erhältlich. Der Sekundenzeiger wurde wieder aufgerichtet und mit einem

Milgauss-Modell Referenz 6541 (1956), mit charakteristischem Blitzsekundenzeiger.

kleinen roten Pfeil an der Spitze versehen. Die Milgauss 1019 wurde fast drei Jahrzehnte lang hergestellt, in denen lediglich kleinere Änderungen an der Oberfläche des Zifferblatts und der Beschriftung vorgenommen wurden.

Da es sich um ein sehr spezialisiertes Modell handelte, war die Produktion in den Siebziger- und Achtzigerjahren eher begrenzt. Im Jahr 2007 stellte Rolex schließlich eine neue Generation dieser eng mit der wissenschaftlichen Welt verbundenen Uhr vor.

Referenz 116400, eingeführt im Jahr 2007. Ihr Oszillator und ihr Hemmungsrad sind aus paramagnetischen Materialien gefertigt.

Die Neuauflagen der Oyster Perpetual Milgauss mit einem Durchmesser von 40 Millimetern unterscheiden sich im Design durch ihren orangefarbenen Sekundenzeiger in Form eines Blitzes, der vom Originalmodell inspiriert ist. Die Minuten- und Stundenmarkierungen sind in der gleichen Farbe gehalten. Eines dieser Modelle war mit einem grün getönten Saphirglas ausgestattet. Die Marke perfektionierte die Schlüsselelemente des Uhrwerks: Seit 2007 werden der Oszillator und das Hemmungsrad aus paramagnetischen Materialien hergestellt.

So entstand die Referenz 116400, mit einem modernen Stil, der sich für alle Anlässe eignete, nicht nur in einem wissenschaftlichen Umfeld. Die Referenz 116400 GV (für glace verte oder »grünes Glas« auf Französisch) wurde 2014 mit einem schimmernden Z-Blue-Zifferblatt mit Sonnenschliff eingeführt.

Das Oyster-Gehäuse der Milgauss ist garantiert bis zu einer Tiefe von 100 Metern wasserdicht, und ihre Twinlock-Aufzugskrone, die mit einem doppelten Wasserdichtheitssystem ausgestattet ist, ist fest mit dem Gehäuse verschraubt. Das Glas ist aus kratzfestem Saphirglas. Die Uhr ist mit dem Kaliber 3131 versehen, einem mechanischen Uhrwerk mit Selbstaufzug, das vollständig von Rolex entwickelt und hergestellt wurde.

ROLEX
OYSTER PERPETUAL
MILGAUSS
SUPERLATIVE CHRONOMETER
OFFICIALLY CERTIFIED
SWISS
MADE

Sie ist mit dem »Superlative Chronometer«-Zertifikat ausgezeichnet und verfügt über einige antimagnetische Eigenschaften, darunter eine blaue Parachrom-Spiralfeder, die von Rolex aus einer paramagnetischen Legierung hergestellt wird. Die Spiralfeder ist nicht nur unempfindlich gegenüber Magnetfeldern, sondern zeichnet sich auch durch eine hohe Stabilität bei Temperaturschwankungen aus. Sie ist mit einer Rolex-Spirale, die die Ganggenauigkeit in jeder Position garantiert, sowie mit einem paramagnetischen Hemmungsrad aus Nickel-Phosphor ausgestattet. Das Kaliber 3131 verfügt über einen Automatikaufzug mit Perpetual-Rotor, der für ein kontinuierliches Aufziehen der Triebfeder sorgt und somit eine konstante Energieversorgung mittels der Bewegungen des Handgelenks gewährleistet. Die Uhr verfügt über eine Gangreserve von etwa achtundvierzig Stunden.

ZIFFERBLATT: Die Besonderheit der Milgauss beruht auf ihrer markanten Sekundenanzeige in Form eines Blitzes. Er ist eines der deutlichsten und begehrtesten Merkmale dieses Modells.

GEHÄUSE: Die Widerstandsfähigkeit dieser Uhr gegenüber der magnetischen Flussdichte wird durch eine Abschirmung aus ferromagnetischen Legierungen ermöglicht. Sie ist im Inneren des Gehäuses eingebaut und schützt das Uhrwerk.

ARMBAND: Die Milgauss ist mit einem dreigliedrigen Oyster-Armband aus Oystersteel versehen, das mit einer von Rolex entwickelten Oyster-Faltschließe ausgestattet ist. Sein Easylink-Komfortverlängerungsglied wurde ebenfalls von der Marke entwickelt; es ermöglicht eine unkomplizierte Anpassung der Länge um etwa 5 Millimeter.

Der Schauspieler Jake Gyllenhaal trägt ein Milgauss-Modell.

ROLEX
OYSTER PERPETUAL
MILGAUSS

SUPERLATIVE CHRONOMETER
OFFICIALLY CERTIFIED
SWISS MADE

Lady-Datejust

Die 1957 eingeführte Lady-Datejust ist der erste Zeitmesser von Rolex ausschließlich für Frauen.

Frauen haben in der Geschichte von Rolex eine entscheidende Rolle gespielt. Es war Mercedes Gleitze, die eine Rolex trug, während sie den Ärmelkanal durchschwamm, und der Marke damit die erste Anerkennung verschaffte. Mit ihr kam erstmals das Testimonial-Konzept zum Einsatz.

In den 1950er-Jahren, als sich der Wohlstand in allen Gesellschaftsschichten ausbreitete und bedeutende technische und industrielle Entdeckungen das Alltagsleben tiefgreifend veränderten, wandelte sich auch die Rolle der Frau in der Gesellschaft, hin zu größerer Selbstständigkeit.

Im Jahr 1957 faszinierte Audrey Hepburn Hollywood mit ihrer zarten Eleganz; Sylvia Earle erwarb ihren Master of Science und wurde später eine berühmte Ozeanografin (sowie die erste Frau an der Spitze der National Oceanic and Atmospheric Administration der Vereinigten Staaten); und Françoise Sagan eroberte zu einer Zeit, als das französische Wort für »Schriftsteller« nur selten in weiblicher Form vorkam, weltweit die Literaturszene mit ihrem Roman *Bonjour Tristesse.*

Hans Wilsdorf, der Lifestyle-Entwicklungen stets aufmerksam verfolgte, verstand, dass die moderne Frau ihre Zeit selbst managen wollte und deshalb die gleiche Präzision wie die Männer benötigte. Bis zu diesem Zeitpunkt waren Damenuhren Objekte, bei denen die Ästhetik im Vordergrund stand und die Präzision der Mechanik zweitrangig war. Eine Uhr mit kleinen Proportionen stellte eine große Herausforderung für die Ingenieure dar: Es galt, ein mechanisches Uhrwerk zu entwickeln, das relativ klein, aber dennoch in der Lage war, die gleichen hohen chronometrischen Standards zu gewährleisten wie die größeren Gegenstücke in den Herrenuhren. Wie Wilsdorf selbst beschreibt: »Damen wollen das Beste aus beiden Welten: eine kleine Uhr und ein präzises Uhrwerk. Doch je kleiner die Uhr ist, desto schwieriger ist es, sie genau zu machen.«

Im Jahr 1957 brachte Rolex die Lady-Datejust auf den Markt; dem Unternehmen gelang damit das Kunststück, eine außerordentlich präzise und robuste Uhr zu erschaffen, die von Generationen erfolgreicher Frauen auf der ganzen Welt getragen wurde. Die Datejust für Damen wies alle Merkmale auf, die in der ursprünglichen Datejust von 1945 eingeführt worden waren. Sie war die erste Ausgabe eines Damenchronometers mit Kalender und verkörperte die Eleganz der Datejust in einem kleinen Format, das perfekt an schlanke Handgelenke angepasst war. Die Uhr wurde zunächst mit einem Durchmesser von 26 Millimetern produziert, eine Größe, die sich nahtlos an die Trends der Zeit anschloss und jahrzehntelang beibehalten wurde. Im Jahr 2015 brachte das Unternehmen die Lady-Datejust mit 28 Millimetern Durchmesser auf den Markt.

Dank ihres ikonischen, robusten und langlebigen Oyster-Gehäuses ist die Lady-Datejust bis zu einer Tiefe von 100 Metern wasserdicht. Sie verfügt über ein hochmodernes mechanisches Uhrwerk, das vollständig von Rolex entwickelt und hergestellt wurde und den »Superlative Chronometer«-Standards entsprach. Mit ihrer sofortigen Datumsanzeige, dem Perpetual-Automatikaufzug, der Siliziumspirale, dem Paraflex-Schockschutzsystem und einer Gangreserve von 55 Stunden ist die Lady-Datejust bestens ausgestattet, um ihre Aufgaben jederzeit und in jeder Situation mit größter Sorgfalt zu erfüllen.

Ein Lady-Datejust-Modell in Gold.

Das mittlere Gehäuse ist aus einem massiven Block aus Oystersteel, einer besonders korrosionsbeständigen Legierung, oder aus Gold gefertigt. Der fein geriffelte Gehäuseboden ist mit einem Spezialwerkzeug hermetisch verschraubt, das nur von Rolex zugelassenen Uhrmachern den Zugang zum Uhrwerk ermöglicht.

Eine Edition des Modells Lady-Datejust mit Diamanten.

Die Twinlock-Aufzugskrone ist mit einem doppelten Dichtungssystem ausgestattet und fest mit dem Gehäuse verschraubt. Das Glas mit einer Zykloplupe oberhalb der 3-Uhr-Position, die das Ablesen des Datums erleichtert, besteht aus kratzfestem Saphir mit Antireflexionsbeschichtung. Ein wasserdichtes Oyster-Gehäuse schützt das Uhrwerk.

Die Lady-Datejust ist mit dem Kaliber 2236 ausgestattet, einem mechanischen Uhrwerk mit automatischem Aufzug, das vollständig von Rolex entwickelt und hergestellt wurde. Seine Konstruktion verleiht ihm einen unübertroffenen Grad an Präzision und Zuverlässigkeit. Das Kaliber 2236 ist mit einer – von Rolex patentierten und selbst hergestellten – Syloxi-Siliziumspirale ausgestattet. Diese Spiralfeder ist resistent gegen Magnetfelder, weist eine hohe Stabilität bei Temperaturschwankungen auf und ist im Falle eines Stoßes bis zu zehnmal präziser als eine herkömmliche Spiralfeder. Ihre patentierte Geometrie gewährleistet die Genauigkeit in allen Positionen.

Die Lady-Datejust ist eines der Modelle mit der größten Bandbreite an Ausführungen in der Oyster-Perpetual-Kollektion, einschließlich diamantbesetzter Varianten. Die Vielfalt der Materialien, in denen die Lady-Datejust erhältlich ist, wird nur noch von dem breiten Spektrum an Armbändern und Zifferblättern in zarten Farben übertroffen, die mit filigranem guillochiertem Dekor, aus Perlmutt oder mit Diamanten anstelle der Indizes oder rund um die Lünette verfügbar sind.

Je nach Ausführung ist die Lady-Datejust mit einer gewölbten, geriffelten oder diamantbesetzten Lünette erhältlich. Sie kann mit einem dreigliedrigen Oyster-Armband mit Oyster-Schließe, einem fünfgliedrigen Jubilee-Armband (das 1945 speziell für die Datejust entwickelt wurde) oder einem dreigliedrigen President-Armband versehen werden.

ROLEX
28

ZIFFERBLATT: Charakteristisch für das Zifferblatt sind die Rolex-Krone bei 12 Uhr, arabische und römische Ziffern, Stundenmarkierungen mit klassischen oder geometrischen Formen sowie glänzende Edelsteine.

GEHÄUSE: Die 2021 vorgestellte, mit Edelsteinen besetzte Version der Lady-Datejust ist mit ihrem Gehäuse in Form eines Pavillions und den glitzernden Diamanten ein Blickfang und Zeugnis der Fertigkeiten des Unternehmens in der Juwelierkunst.

ARMBAND: Die Lady-Datejust ist mit einem dreigliedrigen Oyster-Armband mit Oyster-Schließe, einem fünfteiligen Jubilee-Armband, das 1945 speziell für die Datejust kreiert wurde, oder einem dreiteiligen President-Armband erhältlich.

Die Jubilee- und President-Armbänder sind mit einer eleganten, verdeckten Kronenschließe ausgestattet, und ein verstecktes Befestigungssystem sorgt für eine vollständige visuelle Einheit von Armband und Gehäuse. Das Oyster-Armband der Lady-Datejust ist außerdem mit dem von der Marke entwickelten Easylink-Komfortverlängerungsglied ausgestattet, mit dem die Länge des Armbands problemlos um etwa fünf Millimeter verstellt werden kann, um in jeder Situation den Tragekomfort zu erhöhen. Einige Goldversionen sind mit einem President-Armband ausgestattet, dessen Glieder Keramikeinsätze enthalten, um die Flexibilität beim Tragen und die Langlebigkeit der Uhr zu verbessern.

Im Einklang mit dem dynamischen Geist seines Gründers hat das Unternehmen im Laufe der Jahre verschiedene Markenbotschafter ausgewählt, die – jeder auf individuelle Weise – die Fähigkeit bewiesen haben, das Leben mit einer Vision und Entschlossenheit anzugehen. Ob Sportler, Künstler, großer Entdecker oder Wissenschaftler, sie alle stehen für Leidenschaft und Kühnheit bei der Bewältigung von Herausforderungen sowie für Beharrlichkeit bei der Verwirklichung eines Traums. Durch ihre Taten und ihren Pioniergeist verkörpern sie alle Werte, für die die Marke steht.

Die Sopranistin Kiri Te Kanawa ist Rolex-Markenbotschafterin.

Air-King

Das Modell »König der Lüfte« wurde zu Ehren der britischen Kampfpiloten des Zweiten Weltkriegs entwickelt.

Rolex ist seit den 1930er-Jahren eng mit der Luftfahrt verbunden. In jenem Jahrzehnt machte die Leistungsfähigkeit der Flugzeuge gewaltige Fortschritte. Dies ermöglichte eine immer bessere Beherrschung des Luftraums und markierte den Beginn der Langstreckenflüge. Viele der Piloten, die hier Rekorde aufstellten, trugen eine Oyster am Handgelenk. Einer dieser Piloten war der Engländer Charles Douglas Barnard, der erklärte: »Durch die besonderen Eigenschaften dieser Rolex-Uhr ist sie hervorragend für Flugzwecke geeignet, und ich werde sie in Zukunft auf allen meinen Langstreckenflügen tragen.« Im Jahr 1933 waren Oyster-Uhren Bestandteil der Ausrüstung der Houston-Expedition, die als Erste den Mount Everest unter extremen klimatischen Bedingungen in einer Höhe von über 10.000 Metern überflog.

Ein Jahr später, 1934, fungierte eine Rolex Oyster auf der De Havilland DH.88 Comet als Bordchronometer, als Owen Cathcart-Jones und Ken Waller einen Flug von London, England, nach Melbourne, Australien, in Rekordzeit absolvierten. In einem Brief an Rolex schrieb Waller 1935:

Modell Air-King, »Super Precision Edition«.

»Ich habe mich treu auf meine Oyster-Uhr verlassen und bin froh, sagen zu können, dass sie trotz der großen Unterschiede in Klima und Temperatur, Luftdruck und vielen anderen Widrigkeiten, die einen so winzigen Mechanismus zum Stillstand bringen könnten, durchgängig mit absoluter Präzision funktioniert.«

Das Modell Air-King wurde jedoch erst einige Jahre später entwickelt. Rolex begann mit der Produktion einer Reihe mit einem Durchmesser von 34 Millimetern. Nach heutigen Maßstäben mag diese eher klein erscheinen, galt aber während und unmittelbar nach dem Zweiten Weltkrieg als groß – daher der Name »King« (»König«).

Mit ihrem innovativen Durchmesser und dem großen Zifferblatt, das eine bessere Ablesbarkeit ermöglichte, fand die Air-King vor allem bei den Piloten der britischen Royal Air Force großen Anklang. Die Uhren waren so beliebt, dass die Piloten ihre eigenen Militäruhren beiseitelegten, um von ihrem eigenen Geld eine Rolex zu kaufen.

Als der Gründer von Rolex, Hans Wilsdorf, das große Interesse an diesem Modell bemerkte, widmete er den mutigen Piloten eine eigene Uhrenlinie, die Ende der 1950er-Jahre auf den Markt kam. Bei Erscheinen war das Modell Teil einer Uhrenkollektion mit verschiedenen »Air«-Namen, die sich jeweils auf die Tapferkeit der Piloten bezogen: Es gab die Air-Lion, die Air-Tiger und die Air-Giant, letztendlich setzte sich aber die Air-King durch.

Seit ihrer Markteinführung im Jahr 1958 trägt die Air-King ihren Namen auf dem Zifferblatt in rundem Schriftzug. Die schlicht gestaltete Referenz 5500 hatte ein 34-mm-Oyster-Gehäuse aus Edelstahl und ein passendes Oyster-Armband. Die Uhr zeigte die Stunden mit zwei zentralen Zeigern, Indizes und Ziffern an.

Seit ihrer Einführung setzte die Rolex Air-King verschiedene Schwerpunkte: Die Aufschrift »Precision« bedeutete, dass das Kaliber 1520 die Zeiger der Uhr bewegte, während die Nummer 1530 über ein Uhrwerk der »Super Precision Edition« verfügte. Im Laufe der Jahre ist das Zifferblatt der Air-King mit Strichindizes in römischen oder arabischen Ziffern besetzt worden, und die Farbe variierte von Creme über Blau bis Weiß.

Die Lünette wiederum wurde in drei verschiedenen Varianten hergestellt: glatt, geriffelt und gedreht. Bei all diesen Anpassungen hat das Design der Rolex Air-King jedoch immer eine Konstante beibehalten, nämlich das Oyster-Gehäuse aus Edelstahl, das einen hohen Wiedererkennungswert aufweist und für die Marke charakteristisch ist.

Das Modell Air-King ist für seine Zifferblätter bekannt, von denen viele mit Firmenlogos personalisiert sind. Die bekannte amerikanische Pizzakette Domino's zum Beispiel spornte ihre Tochtergesellschaften dazu an, ihre Verkaufsziele zu erreichen, indem sie deren Erfolg mit einer Air-King belohnte. Diese einzigartige Zusammenarbeit brachte zwei Marken zusammen, die normalerweise nichts miteinander zu tun haben, abgesehen vielleicht von dem gemeinsamen Fokus auf Zeit (angesichts der Liefergarantie der Pizzakette: »30 Minuten, oder es ist kostenlos«).

Anfang der 1990er Jahre änderte Rolex das Zifferblatt der Air-King und führte arabische Ziffern für die Stunden 3, 6 und 9 in Kombination mit Strichindizes ein. Das Modell wurde 2007 überarbeitet und erhielt breitere Bandanstöße und eine breitere Lünette. Außerdem wurde ein Saphirglas verwendet, und das Armband durch ein Oyster-Modell aus Edelstahl mit Faltschließe ersetzt. Erstmals wurde das Uhrwerk COSC-zertifiziert (von der Contrôle Officiel Suisse des Chronomètres).

Die Produktion der Air-King wurde 2014 zunächst eingestellt und im Jahr 2016 mit der Einführung eines neuen Modells, der Referenz 116900, wieder aufgenommen, diesmal mit einem Gehäuse von 40 mm Durchmesser.

Die heutige Oyster Perpetual Air-King verfügt über ein schwarzes Zifferblatt mit großen arabischen Ziffern bei den Stunden 3, 6 und 9 und einer besonders guten Ablesbarkeit der Navigationszeiten. Die Verbindung von Gelb in der Krone mit dem grünen Sekundenzeiger und dem Schriftzug »Rolex« spiegelt die typische Farbgebung des Markenlogos wider.

Seit 2022 ist das Gehäuse mit einem Kronenschutz versehen und weist mittig gerade Seitenteile auf; entsprechend der meisten Modelle der Professional-Kategorie.

Die aktuelle Version der Air-King verfügt über die Zertifizierung »Superlative Chronometer«. Das Modell ist mit dem Kaliber 3230 ausgestattet, einem mechanischen Uhrwerk mit automatischem Aufzug, das vollständig von Rolex entwickelt und hergestellt wurde. Dieses Uhrwerk ist die Quintessenz der Technologie, die sich mehrerer neuer Patente rühmen kann und hohe Leistungen in Bezug auf Präzision, Autonomie, Stoßfestigkeit, Benutzerfreundlichkeit und Zuverlässigkeit garantiert.

Der Oszillator des Kalibers 3230 ist mit einer großen Unruh mit variablem Trägheitsmoment ausgestattet, die über goldene Microstella-Muttern mit äußerster Präzision reguliert wird. Sie wird von einer höhenverstellbaren Traversierbrücke gehalten, die für eine stabile Positionierung und bessere Stoßfestigkeit sorgt. Außerdem ist sie mit leistungsstarken Paraflex-Stoßdämpfern ausgestattet, die von Rolex entwickelt und patentiert wurden.

Das Kaliber 3230 enthält eine optimierte Version der blauen Parachrom-Spirale, die von Rolex aus einer paramagnetischen Legierung hergestellt wird. Die Spiralfeder ist nicht nur unempfindlich gegenüber Magnetfeldern, sondern auch äußerst stabil bei plötzlichen Temperaturschwankungen. Sie ist mit einer Rolex-Spirale ausgestattet, die in jeder Lage Gleichmäßigkeit garantiert.

Das Uhrwerk ist mit der patentierten Chronergy-Hemmung aus Nickel-Phosphor ausgestattet. Sie ermöglicht hohe Energieeffizienz und Zuverlässigkeit und ist unempfindlich gegenüber Magnetfeldern.

ROLEX
Air-King
CHRONOMETER
CERTIFIED

Das Kaliber 3230 verfügt über einen Automatikaufzug mit Perpetual-Rotor, der den kontinuierlichen Aufzug der Triebfeder ermöglicht und so durch die Bewegung des Handgelenks eine konstante Energieversorgung gewährleistet. Dank der Konstruktion des Federhauses und der hohen Effizienz der Hemmung verfügt es über eine Gangreserve von etwa siebzig Stunden. Das Uhrwerk der Air-King, das nur von qualifizierten Rolex-Uhrentechnikern bedient werden kann, ist gemäß den Qualitätskriterien der Marke außergewöhnlich gut verarbeitet.

Das Oyster-Gehäuse der Air-King mit einem Durchmesser von 40 Millimetern ist garantiert bis zu einer Tiefe von hundert Metern wasserdicht.

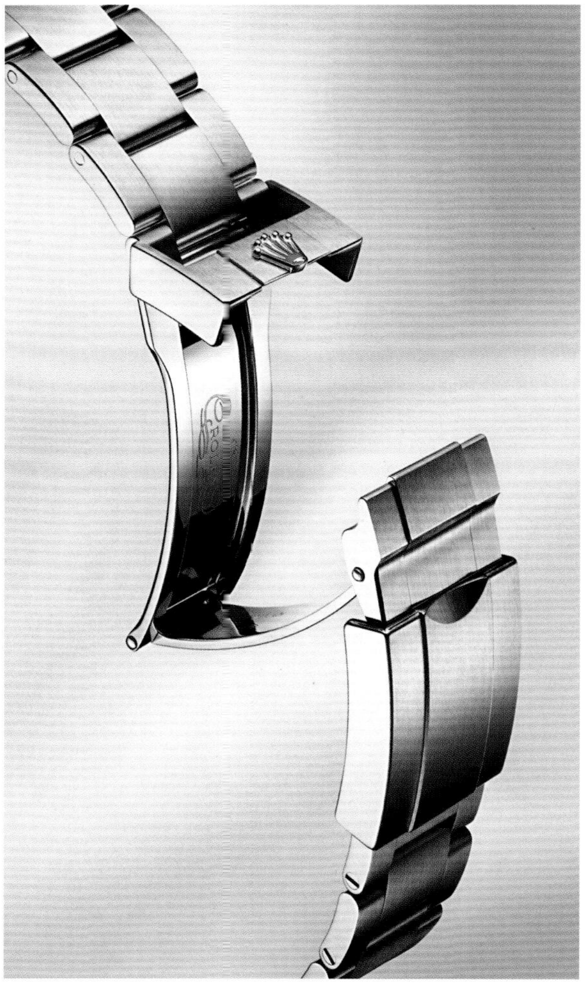

ZIFFERBLATT: Die Air-King ermöglicht eine sehr hohe Ablesbarkeit, auch im Dunkeln, dank ihrer einzigartigen Chromalight-Anzeige: Die Ziffern bei 3, 6 und 9 Uhr sowie die Zeiger sind mit einem langlebigen Leuchtstoff (in der Farbe Blau) gefüllt und beschichtet, der doppelt so lange leuchtet wie herkömmliche phosphoreszierende Materialien.

GEHÄUSE: Das Oyster-Gehäuse der Air-King ist absolut wasserdicht und schützt das darin befindliche Uhrwerk.

ARMBAND: Die Air-King ist mit einem dreigliedrigen Oyster-Armband aus Oystersteel ausgestattet. Dieses Armband ist mit einer von Rolex entwickelten und patentierten Oysterlock-Sicherheitsschließe versehen, die versehentliches Öffnen verhindert. Außerdem verfügt es über das von der Marke entwickelte Easylink-Komfortverlängerungsglied, das es ermöglicht, die Länge des Armbands unkompliziert um etwa 5 Millimeter zu verstellen, um in jeder Situation hohen Tragekomfort zu gewährleisten. Ein verstecktes Befestigungssystem sorgt für die optische Einheit von Armband und Gehäuse.

Sänger Michael Bublé trägt das Modell Oyster Perpetual Air-King.

Cosmograph Daytona

Dieser für die Profis des Automobilrennsports entwickelte Chronograph ist zu einer Ikone geworden.

Der Doppelname dieses 1963 vorgestellten Chronographen sollte legendär werden: Er spielt einerseits auf das Konzept der Erforschung des Kosmos an und stellt eine Verbindung zu den großen Abenteuern über den Wolken in den 1960er-Jahren her. Zugleich erinnert er auch an den Daytona International Speedway in Florida, wo das historische 24-Stunden-Rennen stattfindet, das schon damals von dem Genfer Unternehmen gesponsert wurde. Bereits in den 1930er-Jahren war Daytona Beach Schauplatz für einige der denkwürdigsten Geschwindigkeitsrekorde und aufregende Wettbewerbe.

An diesem harten Sandstrand, an dem Hochgeschwindigkeitsrennen stattfanden, erreichte Sir Malcolm Campbell am Steuer seines Rennwagens Bluebird mit einer Oyster am Handgelenk im Jahr 1935 als Erster die Landgeschwindigkeit von dreihundert Meilen pro Stunde. Der als »Speed King« bezeichnete Rennfahrer sollte den Geschwindigkeitsweltrekord insgesamt neunmal brechen. Campbell trug bereits 1930 eine Rolex Oyster, deren außergewöhnliche Widerstandsfähigkeit gegen Stöße und Vibrationen er damals in einer Werbung bezeugte.

Nach seinem letzten Rennen schickte er Rolex ein Telegramm: »Die Rolex-Uhr geht immer noch perfekt – ich habe sie gestern getragen, als Bluebird 300 mph überschritten hat – Campbell«.

Das Modell Cosmograph Daytona ist somit Nachfolger einer langen Reihe von Chronographen, die seit den 1930er-Jahren hergestellt wurden, und Rolex brachte seine gesamte technische Expertise in diesem Modell ein: Es wurde aufgrund seiner Präzision und Zuverlässigkeit als das beste Chronometer für Rennfahrer bezeichnet. Die Herstellung dieser Uhr kann in drei Phasen unterteilt werden: Die erste, von 1963 bis 1988, betraf das Modell Cosmograph Daytona mit Handaufzug. Diese Uhr mit der Referenznummer 6239 verfügte über eine Metalllünette mit eingravierter Tachymeterskala, hatte Pumpendrücker und war in Gold und Edelstahl erhältlich. Im Laufe der Jahre wurden weitere Modelle mit Handaufzug eingeführt, die eine rote »Daytona«-Inschrift trugen; auch wenn die allerersten Exemplare diese nicht aufwiesen, wurde die Inschrift zunehmend zu einem charakteristischen Merkmal.

Das Hauptmerkmal dieser Uhr war jedoch die zweifarbige grafische Gestaltung. Die Zähler des Chronographen hoben sich durch ihren starken Farbkontrast zum Zifferblatt deutlich ab: Schwarz auf einem hellen Zifferblatt oder eine helle Farbe auf einem schwarzen Zifferblatt. Der Hintergrund der Sexagesimalskala wurde farblich auf die Ziffern und Indizes der Zähler abgestimmt und kontrastiert mit deren Hintergrund. Dies wurde in zwei Schichten realisiert, sodass eine unsichtbare Stufe zwischen diesen Elementen und dem zentralen Zifferblatt entstand.

In den ersten Jahren der Produktion dieser Uhr änderte Rolex in bestimmten Chargen einige Details, unter anderem die Farbkombinationen, den Stil der Indizes und die Positionen der Zahlen. So entstanden ungewöhnliche Zifferblätter, die von dem Unternehmen als »exotisch« bezeichnet wurden; Sammler nannten sie »Paul Newman«-Zifferblätter, da der Schauspieler eine Uhr mit dieser Konfiguration trug.

Der Schauspieler Paul Newman trägt die Cosmograph Daytona.

Ihre zweite Hochphase erlebte die Cosmograph Daytona im Jahr 1988, als sie mit Automatikaufzug versehen wurde. Das Uhrwerk, das sie antrieb, war das Kaliber 4030; es basierte auf dem Zenith El Primero Kaliber 400.

Das Modell Cosmograph Daytona, Referenz 116520.

Neben dem Schriftzug »Oyster Perpetual Cosmograph Daytona« trägt das Modell nun auch die Aufschrift »Superlative Chronometer, Officially Certified«. In ästhetischer Hinsicht wurde die Lünette mit einer tachymetrischen Skala versehen (200 Einheiten/Stunde in der ersten Sekunde, 400 in der zweiten), mit einer verschraubten Krone, Drückern sowie einem Zifferblatt mit dem Aufdruck »Chronograph« und dem roten Schriftzug »Daytona«. Es ist in nur zwei Varianten erhältlich: weiß mit einem schwarzen kreisförmigen Feld um jeden Zähler oder schwarz mit weißen Feldern. Diese Referenz war in drei Versionen erhältlich: in Edelstahl, in einer Kombination aus Edelstahl und Gold sowie in Gold. Die Produktion dieses Modells wurde 2000 eingestellt. Ab diesem Jahr begann mit der Einführung der Referenz 116520 die dritte Ära der Uhr; sie war mit dem Kaliber 4131 ausgestattet, dem ersten vollständig von Rolex hergestellten Kaliber mit COSC-Zertifizierung.

Neben der Edelstahlversion der Referenz 116520, die nur mit schwarzem und weißem Zifferblatt erhältlich war, umfasste die Kollektion verschiedene Varianten aus Edelmetall; sie wurden mit unterschiedlichen Zifferblättern und Armbändern kombiniert. Es gab auch Sondereditionen, darunter die Daytona »Leopard« mit einem verzierten Gehäuse aus Gelbgold, einer mit 48 Diamanten besetzten Verzierung der Lasche, einer mit 36 cognacfarbenen Saphiren im Baguetteschliff besetzten Lünette sowie einem Zifferblatt und Armband mit Leopardenmotiv. Zudem wurde eine erfolgreiche kleine Kollektion namens Daytona »Beach« in Weißgold aufgelegt, kombiniert mit einem farbigen Armband. Erhältlich waren vier pastellfarbene Zifferblattfarben: blaues Türkis, gelbes oder rosa Perlmutt und grüner Chrysopras.

Die Zifferblattdekoration der Daytona war ein Schwerpunkt bei der Entwicklung neuer Editionen: Die kostbare Daytona Rainbow weist eine

ROLEX
DAYTONA

ROLEX
OYSTER PERPETUAL
SUPERLATIVE CHRONOMETER
OFFICIALLY CERTIFIED
COSMOGRAPH
DAYTONA

Mischung aus mehrfarbigen Saphiren auf, die die Farben des Regenbogens abbilden.

Die Referenz 116515 besteht aus Keramik und besticht durch einen harmonischen Kontrast zwischen dem Everose-Gehäuse, der schwarzen Cerachrom-Lünette mit einer Tachymeterskala aus Rotgold und einem Zifferblatt in warmen Elfenbein- und Schokoladentönen.

Der Einsatz einer Keramiklünette erfolgte 2013, diese wurde sogar in der ersten Platinversion der Daytona verwendet. Es handelte sich um die Referenz 116506, die anlässlich des fünfzigjährigen Jubiläums des Modells entwickelt wurde. Sie kombinierte eine braune Lünette mit einem eisblauen Zifferblatt. Im Jahr 2014 wurde eine Version mit einer juwelenbesetzten Lünette, die mit Baguette-Diamanten verziert ist, sowie einem Diamant-Zifferblatt vorgestellt.

Im Jahr 2016 feierte die Referenz 116500LN ihr Debüt. Sie unterscheidet sich von der Vorgängerversion nur durch die Keramiklünette, die mit einem schwarz-weißen Zifferblatt gepaart ist.

Die jüngste Version des Modells Cosmograph Daytona ist mit dem Kaliber 4130 ausgestattet, einem vollständig von Rolex entwickelten und hergestellten Chronographenwerk mit Automatikaufzug. Die Uhr verfügt über ein Automatikmodul mit Perpetual-Rotor, das die kontinuierliche Spannung der Triebfeder gewährleistet und eine Gangreserve von etwa 72 Stunden bietet. Außerdem ist sie mit der Zertifizierung »Chronometer der Superlative« ausgezeichnet.

Das Daytona-Modell in Platin mit der Referenz 116506.

Das Modell Daytona Rainbow.

ZIFFERBLATT: Die kontraststarken Zähler des Chronographen heben sich auf dem Zifferblatt deutlich ab, zum Beispiel schwarz auf einem hellen Zifferblatt oder als heller Ton auf einem schwarzen Zifferblatt. Die Tachymeterskala, die mithilfe des Sekundenzeigers die Bestimmung der Durchschnittsgeschwindigkeit über eine bestimmte Strecke ermöglicht, verläuft entlang des Umfangs der Lünette.

GEHÄUSE: Das Oyster-Gehäuse mit einem Durchmesser von 40 Millimetern beherbergt ein mechanisches Hochleistungs-Chronographenwerk; es ermöglicht die Messung eines Zeitintervalls oder das Ablesen von Durchschnittsgeschwindigkeiten bis zu vierhundert Meilen oder Kilometern pro Stunde. Diese Zusatzfunktionen werden über die Drücker aktiviert, die ebenso wie die Aufzugskrone mit dem Oyster-Gehäuse verschraubt sind.

ARMBAND: Je nach Ausführung ist die Cosmograph Daytona mit einem dreigliedrigen Oyster-Armband oder einem Oysterflex-Armband kombiniert; beide verfügen über eine Oysterlock-Sicherheitsschließe. Die Armbänder sind mit dem Easylink-Komfortverlängerungsglied ausgestattet, das eine unkomplizierte Längenanpassung (um etwa fünf Millimeter) ermöglicht.

Die Tachymeterskala der Cosmograph Daytona auf der Metall- oder Hightech-Keramiklünette ermöglicht es, anhand der gemessenen Zeit eine Durchschnittsgeschwindigkeit über eine bestimmte Strecke abzulesen.

Dank dieser gut ablesbaren Skala ist die Cosmograph Daytona das ideale Instrument zur Bestimmung von Geschwindigkeiten bis zu vierhundert Einheiten pro Stunde, sei es in Kilometern, Meilen oder einer anderen Entfernungseinheit. Ausgestattet mit einem zusätzlichen Mechanismus, der über seine Sekundenzeiger ein Zeitintervall messen und anzeigen kann, bietet die Uhr optimale Ablesbarkeit für alle Funktionen. Der zentrale Sekundenzeiger des Chronometers ermöglicht eine Zeitmessung auf eine Achtelsekunde genau. Seine Zähler bei 3 bzw. 9 Uhr zeigen die verstrichene Zeit in Minuten und Stunden an.

Der ehemalige Rennfahrer Tom Kristensen, neunfacher Gewinner des 24-Stunden-Rennens von Le Mans, trägt eine Rolex Cosmograph Daytona.

ROLEX
OYSTER PERPETUAL
SUPERLATIVE CHRONOMETER
OFFICIALLY CERTIFIED
COSMOGRAPH
DAYTONA
UNITS PER
HOUR

140
130
120
110

Sea-Dweller

Eine Taucheruhr, die geschaffen wurde, um Tauchpioniere in große Tiefen des Meeres zu begleiten.

Im Jahr 1960 erreichten der Schweizer Ozeanograph Jacques Piccard und der US-Marineleutnant Don Walsh im Pazifik vor Guam mit dem Bathyscaph (Tauchboot) Trieste eine Rekordtiefe von 10.916 Metern im Marianengraben, der tiefsten Stelle der Weltmeere. An der Außenseite des Tauchbootes war ein experimentelles Oyster-Modell mit der Bezeichnung Deepsea Special angebracht. Die Uhr hielt dem enormen Druck – mehr als eine Tonne pro Quadratzentimeter – stand, ohne Schaden zu nehmen, und überstand den Tauchgang in perfektem Zustand.

Aus dieser Herausforderung entstand der Plan, eine Uhr zu entwickeln, die extrem tiefe Tauchgänge überstehen konnte. Damals benutzten Taucher, die über einen längeren Zeitraum die Tiefsee erkundeten, Dekompressionskammern, um ihren Körper an die unterschiedlichen Druckverhältnisse zu gewöhnen. In diesen Überdruckkammern füllten sich die Uhren der Taucher jedoch allmählich mit Helium, da die Atome dieses Gases so winzig sind, dass sie in die wasserfesten Dichtungen der Uhren eindringen konnten. Während des Dekompressionsprozesses blieb das Helium

Das Modell Oyster Perpetual Sea-Dweller.

eingeschlossen im Uhrengehäuse und man riskierte einen erheblichen Überdruck – falls der Druck im Inneren der Uhr nicht schnell genug das Druckniveau der Überdruckkammer erreichen würde. Dieses Phänomen konnte die Uhr beschädigen und sogar das Uhrglas aus seiner Halterung drücken oder es zerbersten lassen.

Im Jahr 1967 ließ Rolex ein Sicherheitsventil patentieren, durch das überschüssiges Gas entweichen konnte. Bei zu hohem Druck im Inneren des Gehäuses wurde es automatisch aktiviert. Im selben Jahr stellte Rolex das Modell Sea-Dweller vor, eine Taucheruhr, die zunächst bis zu einer Tiefe von 610 Metern und im Jahr 1978 sogar bis zu 1.220 Metern wasserdicht war. Mit ihrem Heliumauslassventil war sie das ideale Tauchinstrument.

Die Marke war 1969 an den Tektite-Programmen zur Erforschung des Lebensraums Meer beteiligt, als vier mit Rolex-Uhren ausgestattete Aquanauten achtundfünfzig Tage in einem Unterwasserlabor verbrachten.

Im folgenden Jahr leitete Sylvia Earle im Rahmen des Projekts »Tektite II« eine Mission, die ausschließlich von Frauen durchgeführt wurde. 1971 ging Rolex eine Partnerschaft mit der COMEX (Compagnie Maritime d'Expertises) ein. Das französische Unternehmen mit Sitz in Marseille, das sich auf Unterwassertechnik spezialisiert hatte, verpflichtete sich, seine Taucher mit Rolex-Uhren auszustatten und der Marke regelmäßig Berichte über ihre Leistungen zu übermitteln, um die Zuverlässigkeit der Uhren weiter zu erhöhen und ihre Funktionalität zu steigern.

Im Jahr 1988 organisierte die COMEX die Hydra-VIII-Expedition, bei der sechs Sättigungstaucher eine Tiefe von 534 Metern erreichten und damit einen Weltrekord aufstellten. Sie waren alle mit Sea-Dweller-Uhren ausgestattet. Im Jahr 1992 fand das Hydra-X-Experiment statt; ein Tauchgang, der in einer Überdruckkammer durchgeführt wurde. Er dauerte dreiundvierzig Tage und ermöglichte es einem COMEX-Taucher, mit einer Sea-Dweller-Uhr die simulierte Tiefe von 701 Metern zu erreichen.

Die Oyster Perpetual Sea-Dweller entstand aus dem Ehrgeiz des Genfer Unternehmens, sich technologisch weiterzuentwickeln und seine Taucheruhren in immer größere Tiefen zu bringen. In den ersten Versionen der Uhr war eine Wasserdichtheit bis 610 Meter garantiert, der Wert konnte dann im Jahr 1978 mit der Sea-Dweller 4000 auf 1.220 Meter erhöht werden.

Anlässlich des fünfzigjährigen Jubiläums der Sea-Dweller überarbeitete Rolex die Uhr im Jahr 2017; dabei wurde vor allem das Gehäuse auf 43 Millimeter vergrößert. Das Glas über der Datumsanzeige wurde mit einer Zykloplupe versehen, um die Ablesbarkeit zu verbessern.

Die einseitig drehbare Lünette der Sea-Dweller ist mit einem einteiligen 60-Minuten-Cerachrom-Einsatz aus schwarzer Keramik ausgestattet, der Tauchern die Zeitmessung unter Wasser ermöglicht. Dieser patentierte Einsatz besteht aus einer besonders harten Keramik, die nahezu kratzfest ist und deren Farbe auch durch ultraviolette Strahlen nicht beeinträchtigt wird. Zudem ist diese Hightech-Keramik aufgrund ihrer chemischen Zusammensetzung inert und kann nicht korrodieren. Die vertieften Skalen und Ziffern werden im PVD-Verfahren (Physical Vapor Deposition Physikalische Gasphasenabscheidung) mit Gelbgold oder Platin beschichtet.

Rolex erfand und patentierte ein Ventil zum Ausströmen des Heliums. Dadurch kann das Gas, das sich in der Uhr angesammelt hat, bei einem bestimmten Druck während der Dekompressionsphase der Taucher entweichen, und das Oyster-Gehäuse bleibt wasserdicht.

Dank des gerändelten Randes, der eine hervorragende Griffigkeit ermöglicht, lässt sich die Lünette auch mit Handschuhen leicht bedienen.

Die Ablesbarkeit dieser professionellen Taucheruhr erregte große Aufmerksamkeit. Die Chromalight-Indizes und -Zeiger auf dem Zifferblatt sind mit einem langlebigen Leuchtstoff gefüllt oder beschichtet, der ein intensives blaues Licht ausstrahlt, das etwa doppelt so lange hält wie herkömmliche phosphoreszierende Stoffe. Die »Null« der Lünette, die durch ein Dreieck markiert ist, ist dank des gleichen Leuchtstoffs auch im Dunkeln sichtbar. Das Oyster-Gehäuse der Sea-Dweller mit einem Durchmesser von 43 Millimeter ist garantiert bis zu einer Tiefe von 1.220 Metern wasserdicht; die Triplock-Aufzugskrone, die mit einem dreifachen Dichtungssystem und einem in der Gehäusemitte integrierten Spezialschutz ausgestattet ist, ist fest mit dem Gehäuse verschraubt. Das Glas mit einer Zykloplupe oberhalb von 3 Uhr, die das Ablesen des Datums erleichtert, besteht aus kratzfestem Saphir und ist entspiegelt.

Die Sea-Dweller mit »Superlative-Chronometer«-Zertifizierung wird vom Kaliber 3235 angetrieben. Dessen Oszillator ist mit einer großen Unruh mit variabler Ganggenauigkeit ausgestattet, die von goldenen Microstella-Muttern mit höchster Präzision reguliert wird. Sie wird von einer höhenverstellbaren Traversierbrücke gehalten, die für eine stabile Positionierung und erhöhte Stoßfestigkeit sorgt. Der Oszillator ist außerdem auf von Rolex entwickelten und patentierten leistungsstarken Paraflex-Stoßdämpfern gelagert. Das Kaliber 3235 enthält eine optimierte Version der blauen Parachrom-Spiralfeder, die von Rolex aus einer paramagnetischen Legierung hergestellt wird und sich durch hohe Stabilität gegenüber Veränderungen auszeichnet. Sie ist temperaturunabhängig und wird durch Magnetfelder nicht beeinträchtigt. Die Uhr verfügt über eine Rolex-Spule, die in jeder Lage Gleichmäßigkeit gewährleistet.

ROLEX
SEA-DWELLER
CHRONOMETER
CERTIFIED
SWISS MADE

Das Uhrwerk ist mit dem patentierten Chronergy-Zahnrad ausgestattet, das aus Nickel-Phosphor besteht und sowohl hohe Energieeffizienz als auch extreme Zuverlässigkeit garantiert und unempfindlich gegenüber Magnetfeldern ist. Das Kaliber 3235 ist mit einem Automatikaufzug mit Perpetual-Rotor ausgestattet, der eine Gangreserve von rund siebzig Stunden garantiert.

Die Sea-Dweller ist mit einem dreigliedrigen Oyster-Armband mit einer von Rolex entwickelten und patentierten Oysterlock-Sicherheitsschließe ausgestattet; dies verhindert versehentliches Öffnen.

ZIFFERBLATT: Das Zifferblatt der Sea-Dweller ist glänzend schwarz, mit Indizes in Gelbgold und Gold, bei der Referenz 126603 aus Edelstahl und Gold, und in Weißgold bei der Referenz 126600. Bei der ersten Uhr ist der Schriftzug »Sea-Dweller« in Gold, bei der zweiten in Rot eingraviert. Das Modell von 1967 wies zwei Zeilen mit rotem Text auf: »Submariner 2000« sowie darunter »Sea-Dweller«. Einige wenige Exemplare der Referenz 1665 haben nur eine Zeile mit roter Beschriftung, die «Single Red«-Sea-Dweller. Sie sind besonders selten und entsprechend begehrt.

GEHÄUSE: Die Sea-Dweller ist mit einem Ventil auf der linken Gehäuseseite ausgestattet, das den Austritt von Helium während der Dekompressionsphase bei Sättigungstauchgängen ermöglicht und so die Unversehrtheit der Uhr auch in Extremsituationen gewährleistet.

ARMBAND: Das Glidelock-Verlängerungssystem des Oyster-Armbands verfügt über zehn Einkerbungen im Abstand von etwa zwei Millimetern, mit denen die Länge um etwa zwanzig Millimeter verstellt werden kann. Auf diese Weise kann die Uhr über einem bis zu drei Millimeter dicken Taucheranzug getragen werden.

Sylvia Earle, Meeresbiologin, ist seit 1982 Rolex-Markenbotschafterin und seit 1999 Gastforscherin bei der National Geographic Society. Sie trug eine Rolex-Uhr während des »Tektite II«-Projekts, bei dem eine Gruppe von Wissenschaftlern etwa fünfzehn Tage in einer Unterwasserwelt verbrachte.

Explorer II

Die Oyster Perpetual Explorer II lässt den Abenteuergeist und die extreme Widerstandsfähigkeit der Entdecker wieder aufleben. In ihr sind viele Funktionen integriert, die vor allem für geologische Erkundungen sowie für die Höhlen- und Polarforschung nützlich sind.

Seit den ersten Dekaden des letzten Jahrhunderts hat Rolex Entdecker bei ihren kühnsten Unternehmungen begleitet, um die entlegensten Gebiete der Erde zu erkunden, die eigenen Kräfte zu testen und durch ihre Beobachtungen zum Erhalt des Planeten beizutragen. Die zunehmende Besorgnis über den Einfluss des Menschen auf das Gleichgewicht der verschiedenen Ökosysteme hat diese Forscher zu neuen Expeditionen veranlasst, die sowohl von ihrem Entdeckergeist als auch ihrem Streben bestimmt sind, das Bewusstsein für die Zerbrechlichkeit unseres Planeten zu schärfen. Angetrieben von ihrem Wunsch, sich immer extremeren Herausforderungen zu stellen, haben sich diese Persönlichkeiten durch ihre Rekorde verewigt. Viele Entdecker, Bergsteiger und Wissenschaftler haben eine Explorer oder eine Explorer II getragen und wurden zu Rolex-Markenbotschaftern.

Die 1971 eingeführte Explorer II zeichnete sich in der Welt der Entdeckungen sowohl durch ihre Funktionen als auch durch ihre Widerstandsfähigkeit gegenüber Extrembedingungen aus. So wurde sie zur Uhr der Polarforscher, Höhlenforscher und Vulkanologen. Auf dem Zifferblatt der Uhr befindet sich ein neuer orangefarbener Zeiger. Dieser Zeiger, der auf eine feststehende, abgestufte Lünette im 24-Stunden-Format weist, ermöglicht eine klare Unterscheidung zwischen Tag- und Nachtstunden. Diese Funktion ist für Höhlenforscher, die ganze Tage ohne Sonnenlicht verbringen, ebenso unerlässlich wie etwa für Mitglieder von Polarexpeditionen, die mit der Mitternachtssonne oder der Polarnacht zu kämpfen haben. Wenn der 24-Stunden-Zeiger nicht zur Unterscheidung zwischen Tag und Nacht verwendet wird, kann er zusammen mit der abgestuften Lünette zum Ablesen der Zeit in einer anderen Zeitzone (Referenzzeit) verwendet werden. Die Oyster Perpetual Explorer II ist auch mit einer Datumsanzeige ausgestattet, die durch eine Zykloplupe auf dem Glas vergrößert wird.

Das Modell Explorer II, Version mit schwarzem Zifferblatt.

Eine der Persönlichkeiten, die eine Explorer II im Rahmen ihrer Entdeckungsreisen oder wissenschaftlichen Forschungen einsetzten, war der kenianische Paläoanthropologe und Biologe Richard Leakey. In den 1980er-Jahren stießen Leakey und sein Team auf etwa vierhundert Knochen von Hominiden in der Region Koobi Fora im Norden Kenias. Dazu gehörte auch der »Turkana-Junge«, dessen Skelett zu den vollständigsten gehört, die jemals rekonstruiert wurden – eine Entdeckung, die sich als äußerst wichtig erwies. Leakey zeichnete sich auch durch sein Engagement für einen verantwortungsvollen Umgang mit der Umwelt in Ostafrika aus. »Die Rettung unserer Wildtiere ist nicht nur eine ökologische, sondern auch eine kulturelle Notwendigkeit«, erklärte der Paläoanthropologe 1991 in einer Rolex-Werbung.

Eine Explorer II begleitete den norwegischen Entdecker Erling Kagge bei seiner Eroberung der »drei Pole«; er überquerte zwei der Pole zu Fuß und bestieg den Mount Everest. Die Worte »North Pole 1990, South Pole 1992-3, Mt Everest 1994« sind auf dem Gehäuseboden seiner Explorer II eingraviert.

Der belgische Polarforscher Alain Hubert hat seit den 1980er-Jahren an verschiedenen Alpin- und Polarexpeditionen zum Nord- und Südpol teilgenommen. Im Jahr 2002 gründete er die International Polar Foundation, um die Polarforschung als Schlüssel zum Verständnis der großen Klimaveränderungen zu unterstützen.

ROLEX
OYSTER PERPETUAL DATE
SUPERLATIVE CHRONOMETER
OFFICIALLY CERTIFIED

Ohne Satellitentelefon, topografische Karte und Explorer II trat er keine Expedition an. Seine Arctic-Arc-Expedition 2007 war die Herausforderung seines Lebens: eine anstrengende Wanderung von Sibirien über den Nordpol nach Grönland, um die Auswirkungen des Klimawandels zu untersuchen.

Im Rahmen seines 2005 abgeschlossenen Projekts Endeavor 8000 hat der Amerikaner Ed Viesturs alle vierzehn »Achttausender« der Erde ohne zusätzlichen Sauerstoff bestiegen. Für Viesturs war die Armbanduhr ein zentraler Bestandteil seiner Ausrüstung; sie trug wesentlich zum Erfolg und zur Sicherheit eines Aufstiegs bei – da das Zeitmanagement nicht nur unmittelbar Einfluss auf die Besteigung hat, sondern in vielen Fällen auch auf die Überlebenschance. Ed Viesturs trägt bei allen seinen Besteigungen dieselbe Explorer II mit weißem Zifferblatt. »Sie hat mich noch nie im Stich gelassen und verfügt über alle Eigenschaften, die ich beim Bergsteigen brauche: Sie hat einen Automatikaufzug, ist robust, und die Zeiger sind auch im Dunkeln gut ablesbar. Ein widerstandsfähiges Glas ist ebenfalls von Vorteil, da die Uhr bei einem Aufstieg mit Felsen und Eis in Berührung kommen kann. Ich muss zugeben, dass sie wahrscheinlich das wichtigste Gerät ist, das ich bei mir habe. Während meiner Klettertouren achte ich sehr auf die Zeit. Meine Uhr – und die Zeit, die sie anzeigt – ist der Schlüssel zu meiner Sicherheit.«

Das Explorer-Modell 1655, das mit einem 40-mm-Gehäuse auf den Markt kam, war die erste Referenz in dieser Rolex-Uhrenfamilie. Sie wurde häufig mit dem Spitznamen »Big Arrow« bezeichnet, dank des großen orangefarbenen pfeilförmigen Zeigers, der die Zeit nach dem 24-Stunden-System anzeigt.

Die Referenz 16550, die Mitte der 1980er-Jahre eingeführt wurde, war nur in Edelstahl erhältlich, aber mit einem Zifferblatt in zwei Farbvarianten, schwarz oder weiß. Die Indizes der Uhr waren aus Weißgold, die Mercedes-Zeiger aus demselben Material. Die feste Lünette erhielt ein neues grafisches Design mit quadratischen, gedrungenen Ziffern, die sich mit kleinen dreieckigen Indizes abwechseln. Der 24-Stunden-Zeiger tauschte seinen »großen Pfeil« gegen eine bereits bei der GMT-Master eingeführte Form.

Im Jahr 1989 führte Rolex die Explorer II Referenz 16570 ein. Sie übernahm viele der Änderungen, die an der Referenz 16550 vorgenommen worden waren, und war mit dem Kaliber 3185 ausgestattet. Ihr Zifferblatt war in Schwarz oder Weiß erhältlich. Die Indizes und Zeiger des weißen Zifferblatts wechselten von versilbert zu schwarz, wodurch der Kontrast erhöht und die Sichtbarkeit verbessert wurde.

Das Zifferblatt des Modells Explorer II mit fester Lünette und neuer Optik: quadratische Ziffern im Wechsel mit kleinen dreieckigen Indizes und einem 24-Stunden-Zeiger in Form eines »großen Pfeils«.

ZIFFERBLATT: Die Explorer II verfügt über eine Datumsanzeige und unterscheidet sich durch den zusätzlichen orangefarbenen 24-Stunden-Zeiger und die feststehende 24-Stunden-Teilung auf der Lünette. Sie ermöglicht eine klare Unterscheidung zwischen Tag und Nacht. Die Indizes und Zeiger verfügen über eine gut ablesbare Chromalight-Anzeige mit lang anhaltendem blauem Leuchtstoff. Wenn der zusätzliche Zeiger der Explorer II nicht zusammen mit der Lünette für die 24-Stunden-Anzeige verwendet wird, kann er als Referenz für eine andere Zeitzone genutzt werden.

GEHÄUSE: Das 42-mm-Oyster-Gehäuse der Explorer II ist vollständig wasserdicht und bietet optimalen Schutz für das Uhrwerk.

ARMBAND: Das Oyster-Armband verfügt über eine Oysterlock-Faltschließe, die ein versehentliches Öffnen verhindert, sowie über das Easylink-Komfortverlängerungsglied, eine weitere Besonderheit von Rolex. Das ausgeklügelte System ermöglicht es dem Träger, die Länge des Armbands um etwa 5 Millimeter zu verstellen, um höheren Komfort in allen Lebenslagen zu erhalten.

Im Jahr 2011 stellte Rolex die Referenz 216570 mit einem 42-mm-Gehäuse her, die zu Ehren der Referenz 1655 den orangefarbenen 24-Stunden-Zeiger mit dem »großen Pfeil« wieder einführte.

Die jüngste Version der Explorer II verfügt über ein »Superlative Chronometer«-Zertifikat. Das Oyster-Gehäuse der Explorer II mit einem Durchmesser von 42 Millimeter ist garantiert wasserdicht bis zu einer Tiefe von 100 Metern. Das mittlere Gehäuse ist aus einem massiven Block Oystersteel gefertigt, einer besonders korrosionsbeständigen Legierung. Der fein geriffelte Gehäuseboden ist mit einem speziellen Instrument hermetisch verschraubt, und die Twinlock-Aufzugskrone, die mit einem doppelten Wasserdichtigkeitssystem ausgestattet und durch einen integrierten Kronenschutz geschützt ist, ist fest mit dem Gehäuse verschraubt. Das Glas mit einer Zykloplupe oberhalb von 3 Uhr ermöglicht ein einfaches Ablesen der Uhrzeit. Das Gehäuse der Explorer II besteht aus kratzfestem Saphirglas, das mit einer Antireflexbeschichtung versehen ist. Die Explorer II ist mit dem Kaliber 3285 mit einer Chronergy-Hemmung ausgestattet, die die Gangreserve von vierzig auf siebzig Stunden verlängert. Dieses mechanische Uhrwerk mit Automatikaufzug wurde vollständig von Rolex entwickelt und hergestellt. Es verfügt über zahlreiche Patente und garantiert hohe Leistungen in Bezug auf Präzision, Autonomie, Stoßfestigkeit und Zuverlässigkeit.

Alain Hubert ist ein belgischer Entdecker und Rolex-Markenbotschafter. Zu seinen zahlreichen Erfolgen gehört die umfänglichste Durchquerung der Antarktis, eine Reise von mehr als 4.000 Kilometern. Während seiner verschiedenen Erkundungen der Pole hat Hubert an die Wissenschaft appelliert, auf die verheerenden Auswirkungen der globalen Erwärmung aufmerksam zu machen.

GMT-Master II

Die Oyster Perpetual GMT-Master II ist eine kosmopolitische Armbanduhr mit einem zusätzlichen 24-Stundenzeiger, der unabhängig von den Minuten- und 24-Stunden-Zeigern eingestellt werden kann.

Im Jahr 1982 führte Rolex ein neues Kaliber ein, mit dem der Stundenzeiger unabhängig von den anderen Zeigern eingestellt werden konnte. Um diese Neuerung zu betonen und eine Verwechslung mit der GMT-Master zu vermeiden, erhielt das Modell mit dem optimierten Werk die Bezeichnung GMT-Master II.

Neben den traditionellen Stunden-, Minuten- und Sekundenzeigern, die die Ortszeit anzeigen, verfügt die GMT-Master II über einen zusätzlichen Zeiger mit einer dreieckigen Spitze, der sich über 24 Stunden um das Zifferblatt bewegt, sowie über eine in beide Richtungen drehbare Lünette mit einem zweifarbigen Cerachrom-Keramikeinsatz mit 24-Stunden-Teilung. Der zusätzliche Zeiger zeigt die Referenzzeit an (zum Beispiel die Uhrzeit zu Hause), die über die Lünette mit Graduierung in einer neutralen Position – mit dem Dreieck positioniert auf 12 Uhr – abgerufen wird.

Mittels eines über die Aufzugskrone gesteuerten Mechanismus lässt sich die Ortszeit leicht einstellen, indem sie von Stunde zu Stunde springt. Der Stundenzeiger kann unabhängig vom Minuten- und Sekundenzeiger verstellt werden, ohne den 24-Stunden-Zeiger der Referenzzeit zu beeinträchtigen. Auf diese Weise lässt sich auf Reisen jederzeit gleichzeitig sowohl die Ortszeit als auch die Referenzzeit ablesen.

Die Zeit in einer weiteren Zeitzone kann auch mittels der drehbaren Lünette abgelesen werden. In diesem Fall wird die Referenzzeit nicht mehr angezeigt, und der 24-Stunden-Zeiger wird verwendet, um die neue Zeitzone auf der Skala der Lünette abzulesen.

Damit die Lünette perfekt funktioniert, hat Rolex ein innovatives Rotationssystem entwickelt. Es ist mit einer Feder ausgestattet, die es ermöglicht, die Lünette symmetrisch in beide Richtungen zu bewegen, von einer Position der 24-Stunden-Teilung in eine andere. Dank der Rändelkante, die einen guten Halt bietet, lässt sich die Lünette mühelos drehen.

Die GMT-Master II greift eine der wenigen Erschwernisse auf, die in der heutigen Zeit noch ganz praktische Bedeutung haben. Für Geschäftsleute, die auf internationaler Ebene tätig sind und mit ihren Angehörigen fern der Heimat kommunizieren möchten, ist das Navigieren in verschiedenen Zeitzonen ein sehr relevanter Aspekt des Alltags.

Das Jahr 2013 stellte für Rolex einen Meilenstein in der Verwendung von Keramik in der Uhrmacherei dar, als das Unternehmen in einer Oystersteel-Version der GMT-Master II eine blauschwarze, aus einem Teil bestehende Zahlenscheibe aus Keramik präsentierte. Ein Jahr später produzierte die Marke einen zweifarbigen Keramikeinsatz in Rot und Blau für eine 18-karätige Weißgold-Ausgabe der GMT-Master II. Der zweifarbige Einsatz in Braun und Schwarz wurde von Rolex 2018 für zwei Editionen der GMT-Master II hergestellt, die erste in 18-karätigem Everose-Gold und die zweite in Rolesor Everose (eine Kombination aus Oystersteel und Everose-Gold). Eine neuere Ausgabe der GMT-Master II ist mit einer zweifarbigen Keramikscheibe in Grün und Schwarz ausgestattet, mit einer Aufzugskrone auf der linken Seite des Gehäuses und einem Datumsfenster bei 9 Uhr – eine noch nie da gewesene Konfiguration bei einer Rolex-Uhr.

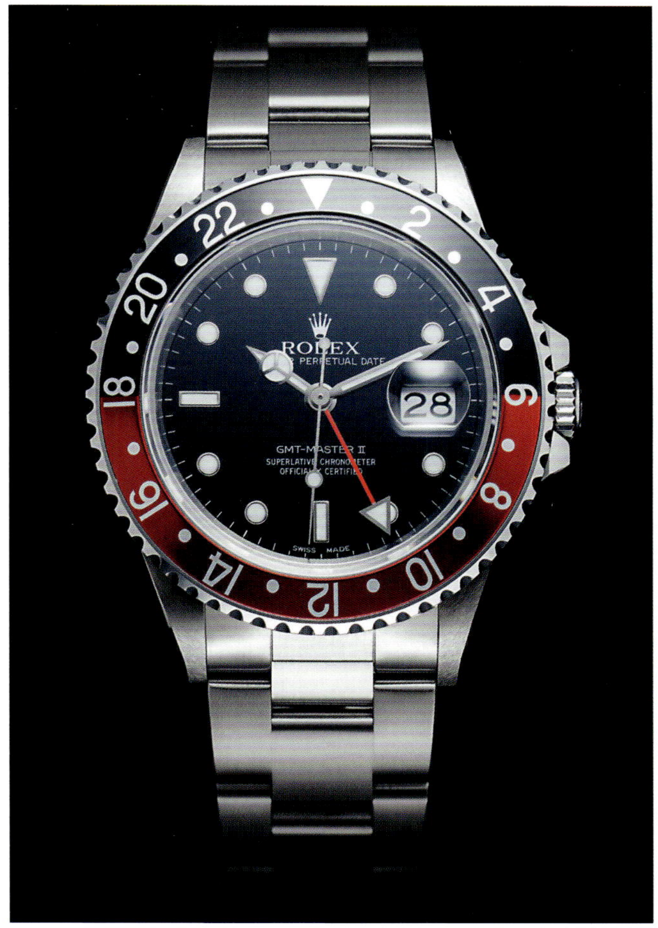

Oystersteel-Version des Modells GMT-Master II, mit zweifarbigen Monoblock-Lünetten aus roter und schwarzer, äußerst harter Keramik.

Im Jahr 2014 führte die Marke den rot-blauen Cerachrom-Keramikeinsatz in einer GMT-Master II aus Weißgold ein.

Die jüngste Version der GMT-Master II verfügt über die Zertifizierung »Chronometer der Superlative«. Das Oyster-Gehäuse hat einen Durchmesser von 40 Millimetern und ist garantiert wasserdicht bis zu einer Tiefe von 100 Metern. Die Uhr ist mit dem Kaliber 3285 ausgestattet, einem vollständig von Rolex entwickelten und hergestellten mechanischen Uhrwerk mit Automatikaufzug, das eine hohe Leistung in Bezug auf Präzision, Autonomie, Stoßfestigkeit, Komfort und Zuverlässigkeit garantiert. Die Uhr verfügt über eine Gangreserve von etwa siebzig Stunden, dank der Federhaus-Architektur und der effizienten Hemmung.

Die in zwei Richtungen drehbare Lünette der GMT-Master II.

ZIFFERBLATT: Das Zifferblatt ist in schwarzem oder blauem Lack erhältlich, mit Zeigern und Indizes aus Weißgold und einem lackierten 24-Stunden-Zeiger, die alle dank der Chromalight-Anzeige (mit lang anhaltendem blauem Leuchtstoff) sehr gut sichtbar sind.

GEHÄUSE: Die in beide Richtungen drehbare Lünette der GMT-Master II ist mit einem zweifarbigen Cerachrom-Einsatz mit 24-Stunden-Skala ausgestattet. Dieser Einsatz ist patentiert und besteht aus einer besonders harten, kratzfesten Keramik, deren Farben durch ultraviolette Strahlen nicht verfälscht werden. Aufgrund ihrer chemischen Zusammensetzung ist diese Hightech-Keramik inert und kann nicht korrodieren. Die vertieften Skalen und Ziffern werden im PVD-Verfahren (Physical Vapor Deposition) mit Gold oder Platin beschichtet. Abgesehen von ihren funktionalen und technischen Aspekten trägt die Lünette der GMT-Master II auch zu ihrer unverwechselbaren optischen Identität bei.

ARMBAND: Die moderne Version der GMT-Master II ist mit einem dreigliedrigen Oyster-Armband oder einem fünfteiligen Jubilee-Armband ausgestattet, ein exklusives Angebot für die Oystersteel-Varianten. Ein verdecktes Befestigungssystem gewährleistet eine nahtlose optische Verbindung zwischen Armband und Gehäuse.

GMT-MASTER II
OFFICIALLY CERTIFIED
SWISS MADE

ROLEX

GMT-MASTER II
SUPERLATIVE CHRONOMETER
OFFICIALLY CERTIFIED
SWISS MADE

Yacht-Master

Die Oyster Perpetual Yacht-Master verkörpert die enge Verbindung zwischen Rolex und der Welt des Segelsports seit den 1950er-Jahren.

Aufgrund ihrer Wasserdichtheit und chronometrischen Präzision haben sich Oyster-Uhren im Laufe der Zeit zu einem geschätzten Werkzeug für das Segeln entwickelt. Im Jahr 1967 war Sir Francis Chichester der erste Segler, der die Weltmeere im Alleingang bezwang. Nach seiner Rückkehr wurde er als Held empfangen und von der englischen Königin zum Ritter geschlagen. In einem Brief aus dem Jahr 1968 schrieb er: »Während meiner Weltumsegelung mit der Gipsy Moth IV wurde mir meine Rolex-Uhr mehrfach vom Handgelenk gerissen, ohne dass sie beschädigt wurde. Ich kann mir keinen robusteren Zeitmesser vorstellen. Beim Einsatz als Sextant und bei der Arbeit auf dem Vordeck war sie häufig Stößen ausgesetzt oder wurde von den Wellen, die an Bord schlugen, überschwemmt. Aber all das schien ihr nichts auszumachen.«

Basierend auf diesen Erfahrungen entwickelte Rolex ein Modell, das für den Aufenthalt an Bord eines Seglers geeignet war. Die 1992 vorgestellte Yacht-Master wurde gezielt für Segler und Skipper entworfen. Die Uhr besitzt einen hohen Wiedererkennungswert, vor allem durch ihre beidseitig drehbare Lünette mit erhöhter 60-Minuten-Teilung, die ganz aus Edelmetall (Gold oder Platin) gefertigt oder mit einem Hightech-Keramikeinsatz aus Cerachrom versehen ist. Die polierte Skala und die Ziffern heben sich von ihrem matten Hintergrund ab. Die charakteristische Funktionslünette ermöglicht es dem Träger, ein Zeitintervall zu berechnen – etwa die Distanz zwischen zwei Bojen –, und betont zugleich die Einzigartigkeit des Zeitmessers. Dank des griffigen Rändelrands lässt sich die Lünette leicht bedienen.

Die Yacht-Master garantiert optimale Lesbarkeit in jeder Situation, auch im Dunkeln, dank ihrer besonderen Chromalight-Anzeige: Die großen Indizes und die breiten Zeiger sind mit einem langlebigen Leuchtstoff (in der Farbe Blau) gefüllt bzw. beschichtet, der bis zu zweimal länger leuchtet als klassische Leuchtstoffe.

Das Oyster-Gehäuse der Yacht-Master, mit 37, 40 oder 42 Millimeter Durchmesser, ist garantiert wasserdicht bis zu einer Tiefe von 100 Metern. Die aufgrund eines dreifachen Abdichtungssystems äußerst wasserdichte Triplock-Aufzugskrone ist zudem mit einem integrierten Kronenschutz versehen und fest mit dem Gehäuse verschraubt. Das Glas mit einer Zykloplupe oberhalb von 3 Uhr, die das Ablesen des Datums erleichtert, besteht aus kratzfestem Saphir und ist antireflexbeschichtet. Die Yacht-Master-Modelle sind mit den mechanischen Uhrwerken Kaliber 2236 (Yacht-Master 37) oder Kaliber 3235 (Yacht-Master 40 und 42) mit automatischem Aufzug ausgestattet, die gänzlich von Rolex entwickelt und hergestellt wurden.

Der Oszillator in den Kalibern 2236 und 3235 verfügt über eine Unruh mit variablem Trägheitsmoment, die mit äußerster Präzision durch Microstella-Muttern kalibriert wird. Sie wird von einer höhenverstellbaren Traversierbrücke sicher gehalten, die für eine stabile Positionierung und

Das Modell Yacht-Master mit in zwei Richtungen drehbarer Lünette und erhabener 60-Minuten-Teilung, vollständig aus Gold gefertigt.

hohe Stoßfestigkeit sorgt. Der Oszillator ist zusätzlich auf hochleistungsfähigen, von Rolex entwickelten und patentierten Paraflex-Stoßdämpfern montiert. Das Kaliber 2236 ist mit einer Syloxi-Siliziumspirale ausgestattet, die ebenfalls von Rolex hergestellt und patentiert wurde, während das Kaliber 3235 eine optimierte Version der blauen Parachrom-Spirale enthält. Sie wird von Rolex aus einer paramagnetischen Legierung hergestellt. Diese beiden Spiralfedern sind nicht nur

Die in beide Richtungen drehbare Lünette der Yacht-Master mit 60-Minuten-Graduierung ist aus hochwertigen Materialien gefertigt. Ihre charakteristischen Skalen und Ziffern mit glänzender Oberfläche heben sich deutlich von dem matten, sandgestrahlten Hintergrund ab. Die technisch und ästhetisch ausgefeilte Lünette ermöglicht es dem Träger, ein Zeitintervall abzulesen, wie etwa die Fahrzeit zwischen zwei Bojen. Sie ist ebenfalls ein unverwechselbares Kennzeichen der Yacht-Master.

unempfindlich gegenüber Magnetfeldern, sondern zeichnen sich auch durch hohe Stabilität bei Federhaus-Architektur und Temperaturschwankungen aus. Die Geometrie der Syloxi-Spirale sorgt dafür, dass das Uhrwerk in jeder Lage gleichmäßig läuft, während die blaue Parachrom-Spirale mit einer Rolex-Überspirale ausgestattet ist, die das gleiche Maß an Regelmäßigkeit garantiert.

Das Kaliber 2236 ist mit einem paramagnetischen Hemmungsrad aus Nickel-Phosphor ausgestattet, während das Kaliber 3235 über eine patentierte Chronergy-Hemmung verfügt, die aus der gleichen Legierung besteht. Die Hemmung unterstützt hohe Energieeffizienz und Zuverlässigkeit, zudem ist sie unempfindlich gegenüber Magnetfeldern. Beide Kaliber weisen einen Automatikaufzug mit Perpetual-Rotor auf, der für ein kontinuierliches Aufziehen der Triebfeder und – durch die Bewegungen des Handgelenks – für eine konstante Energiezufuhr sorgt. Das Kaliber 2236 garantiert eine Gangreserve von etwa 55 Stunden, beim Kaliber 3235 beträgt diese etwa 60 Stunden, dank der höheren Effizienz der Hemmung. Wie alle Rolex-Uhren verfügt auch die Yacht-Master über die Zertifizierung »Chronometer der Superlative«.

YACHT-MASTER
SUPERLATIVE CHRONOMETER

ZIFFERBLATT: Wie alle Professional Uhren von Rolex garantiert auch die Yacht-Master 40 dank ihres Chromalight-Displays in jeder Situation optimale Lesbarkeit, insbesondere bei Dunkelheit. Die breiten Zeiger und großen Indizes in einfachen Formen – Dreiecke, Kreise und Rechtecke – sind mit einem Leuchtstoff beschichtet oder gefüllt, der für ein lang anhaltendes Leuchten sorgt.

GEHÄUSE: Diese Uhr, die für Segler und Skipper bestimmt ist, vereint Charakter und Leistung. Sie ist die einzige Uhr der Kategorie Professional, die in drei verschiedenen Durchmessern erhältlich ist: 37, 40 und 42 Millimeter.

ARMBAND: Die Modelle Yacht-Master 37 und 40 in Rolesium (eine Kombination aus Oystersteel und Platin) oder in Rolesor Everose (eine Kombination aus Oystersteel und Everose-Gold) sind mit einem dreiteiligen Oyster-Armband ausgestattet. Das Armband verfügt über ein Easylink-Komfortverlängerungsglied, mit dem sich die Länge des Armbands problemlos um etwa fünf Millimeter verstellen lässt. Die Yacht-Master 37 und 40 in Everose-Gold und die Yacht-Master 42 in Gelb- oder Weißgold sind mit einem Oysterflex-Armband und dem Rolex-Glidelock-Verlängerungssystem ausgestattet; das System verfügt über sechs Kerben im Abstand von etwa 2,5 Millimetern und ermöglicht eine einfache Längenverstellung um etwa 15 Millimeter. Die Oyster- und Oysterflex-Armbänder der Yacht-Master-Modelle werden mit einer Oysterlock-Sicherheitsschließe verschlossen, die ein ungewolltes Öffnen verhindert.

Oben: Detail der Aufzugskrone.

Unten: Yacht-Master Oysterflex-Armband mit einer Oysterlock-Sicherheitsschließe, die ein versehentliches Öffnen verhindert.

Der Fußballspieler Lionel Messi trägt das Modell Yacht-Master.

HT-MASTER
TIVE CHRONOMETER
FICIALLY CERTIFIED

Yacht-Master II

Dieser 2007 vorgestellte Hochpräzisions-Chronograph ist mit einer programmierbaren Countdown-Funktion mit mechanischem Speicher ausgestattet und kann im laufenden Betrieb synchronisiert werden.

Bei einer Regatta, wie bei jedem Geschwindigkeitswettbewerb, sind die Themen Präzision und Synchronisation von grundlegender Bedeutung. Die Oyster Perpetual Yacht-Master II war die erste Uhr der Welt, die einen programmierbaren Countdown und ein mechanisches Gedächtnis mit On-the-Fly-Synchronisation bot. Diese technisch hochkomplexe, aber einfach zu bedienende Funktion sorgt für die nötige Präzision in einer entscheidenden Phase vor dem Start einer Regatta. Die Yacht-Master II ist mit einer Countdown-Funktion ausgestattet, die von 1 bis 10 Minuten programmiert werden kann, sodass sich der Träger mit der spezifischen Reihenfolge der Abfahrt je nach Regattatyp synchronisieren kann. Diese Ereignisse sind im Allgemeinen in drei Phasen unterteilt, die durch verschiedene optische und akustische Signale angezeigt werden. Hier ein Beispiel für eine Startsequenz mit den entsprechenden Funktionen der Yacht-Master II: Vor der Regatta programmiert der Skipper die Countdown-Zeit seiner Yacht-Master II entsprechend den jeweiligen Regeln (beispielsweise 10 Minuten). Durch Drehen der

Lünette über den Ring Command – ein System, das auf dem Zusammenspiel zwischen der drehbaren Lünette, der Krone und dem Uhrwerk basiert – lässt sich das Uhrwerk programmieren und dann sperren. Sobald die Dauer eingestellt ist, speichert sie der Mechanismus der Uhr, sodass sie beim Zurücksetzen des Countdowns automatisch wieder auf die programmierte Zeit springt. Der Countdown kann beliebig oft neu programmiert werden und zwar wahlweise für eine Zeitspanne zwischen 1 und 10 Minuten.

Zehn Minuten vor dem Start signalisieren der Schuss einer Kanone und eine gehisste Flagge den Beginn des offiziellen Countdowns der Regatta. Der Skipper startet den Countdown auf seiner Yacht-Master II, indem er den Drücker bei 2 Uhr betätigt. Der Sekundenzeiger des Chronographen – der zentrale Sekundenzeiger – beginnt sofort zu ticken und zeigt die verstrichenen Sekunden an, während der Countdown-Zeiger mit der dreieckigen Spitze die verbleibenden Minuten auf der Skala von 10 bis 0 Minuten auf dem Zifferblatt anzeigt. Fünf Minuten vor der Startzeit wird ein vorbereitendes Signal mit einem zweiten Schuss aus der Kanone und einer neu gehissten Flagge gegeben. Der Skipper kann nun den Countdown auf seiner Yacht-Master II mit der offiziellen Zählung synchronisieren.

Die Betätigung des Drückers bei 4 Uhr bewirkt eine sofortige Rückstellung des Sekundenzeigers (»Flyback«), der nach Loslassen des Drückers sofort wieder seinen Lauf aufnimmt. Gleichzeitig synchronisiert sich der Minutenzeiger des Countdowns mit der nächstgelegenen Minutenmarkierung und kompensiert so den zeitlichen Rückstand oder Vorlauf infolge des Starts des Chronographen beim ersten Signal.

Eine Minute vor der Startzeit ertönt das zweite Vorbereitungssignal mit einer Trompete, und die 5-Minuten-Flagge wird gesenkt. Der Skipper vergewissert sich, dass der Countdown auf der Yacht-Master II gut mit der offiziellen Zeit synchronisiert ist. Die Uhr zeigt auf die Sekunde genau die Zeit an, die bis zum Überqueren der Startlinie bleibt.

In dem Moment, in dem das Rennen beginnt, wird das Startsignal gegeben – ein letzter Schuss und das Senken der 10-Minuten-Flagge. Nachdem die Skipper ihre Manöver bis zur letzten Sekunde mithilfe des Countdowns auf ihrer Yacht-Master II optimiert haben, befinden sie sich in der richtigen Position, um die Linie unmittelbar nach dem Startschuss zu überqueren und einen perfekten Fahrtantritt zu haben.

Das Modell Yacht-Master II in der Goldversion.

Gerade diese Flexibilität ist der Hauptvorteil der Yacht-Master II. Darüber hinaus wird die Programmierung mechanisch gespeichert, was bedeutet, dass man beispielsweise einen neuen Countdown starten kann, ohne die Uhr für die nächste Etappe neu programmieren zu müssen, oder etwa wenn die Regeln der nächsten Regatta denselben Zeitplan vorschreiben. Nach dem Auslösen des Countdowns kann der Träger die Uhr mit der offiziellen Zählung synchronisieren (durch die sofortige Rückstellung des Sekundenzeigers und die Einstellung auf die nächste Minute). Die Funktionen dieses Countdowns sind so konzipiert, dass sie leicht zu bedienen sind. Die Vorprogrammierung bis zu 10 Minuten wird über die drehbare Lünette aktiviert und arretiert, dank Ring Command, einem von Rolex entwickelten und patentierten System für das Zusammenspiel von Lünette, Aufzugskrone und Uhrwerk. Die in zwei Richtungen drehbare Lünette der Yacht-Master II ist mit einem einteiligen Cerachrom-Einsatz aus blauer Keramik ausgestattet. Diese ebenfalls patentierte Scheibe besteht aus einer besonders harten, kratzfesten Hightech-Keramik, deren Farbe durch die Einwirkung ultravioletter Strahlen unverändert bleibt. Außerdem ist sie inert und kann aufgrund ihrer chemischen Zusammensetzung nicht korrodieren. Die Zahlen und Beschriftungen werden in die Keramik eingegossen und mit Gold oder Platin im PVD-Verfahren (Physical Vapor Deposition; Physikalische Gasphasenabscheidung) eingefärbt. Die Yacht-Master II bietet dank ihrer Chromalight-Anzeige eine hervorragende Ablesbarkeit in unterschiedlichen Situationen, auch im Dunkeln: Die Indizes und Zeiger sind jeweils mit einer lang anhaltenden (blauen) Leuchtmasse gefüllt oder beschichtet, die etwa doppelt so lange leuchtet wie herkömmliche phosphoreszierende Substanzen. Das Oyster-Gehäuse der Yacht-Master II mit einem Durchmesser von 44 Millimetern ist garantiert bis zu einer Tiefe von 100 Metern wasserdicht; die Triplock-Aufzugskrone mit dreifacher Abdichtung ist fest mit dem Gehäuse verschraubt. Die Krone weist einen in das Mittelgehäuse integrierten Spezialschutz auf. Das Glas besteht aus kratzfestem Saphir und ist antireflexbeschichtet.

Die Yacht-Master II ist mit dem Kaliber 4161 ausgestattet, einem mechanischen Chronographenwerk mit Automatikaufzug, das gänzlich von Rolex entwickelt und hergestellt wird. Die Architektur und Fertigung dieses Uhrwerks sowie seine innovativen Funktionen verleihen ihm eine hervorragende Präzision und Zuverlässigkeit. Das Kaliber 4161 wurde auf der Grundlage des Chronographenwerks 4130 entwickelt, das die Oyster Perpetual Cosmograph Daytona antreibt. Es verfügt über ein bewegliches Säulenrad und eine vertikale Kupplung, die für einen sofortigen und äußerst präzisen Start der Countdown-Funktion sorgen. Der Oszillator dieses Kalibers ist mit einer großen Unruh mit variabler Trägheit ausgestattet, die über goldene Microstella-Muttern mit hoher Präzision reguliert wird. Gehalten wird sie von einer höhenverstellbaren Traversierbrücke, die eine stabile Positionierung und erhöhte Stoßfestigkeit gewährleistet.

Das Modell Yacht-Master II mit Chromalight-Anzeige.

ROLEX
YACHT-MASTER II

ROLEX

Das Kaliber 4161 verfügt über eine blaue Parachrom-Spirale. Diese wird von Rolex aus einer paramagnetischen Legierung hergestellt, die nicht nur unempfindlich gegenüber Magnetfeldern ist, sondern auch eine hohe Stabilität bei Temperaturschwankungen aufweist. Sie ist mit einer Rolex-Spule ausgestattet, die in jeder Situation einen gleichmäßigen Gang des Werks gewährleistet. Das Kaliber 4161 verfügt über ein automatisches Aufzugsmodul mit Perpetual-Rotor, das für ein kontinuierliches Aufziehen der Antriebsfeder sorgt und anhand der Bewegungen des Handgelenks eine konstante Energieversorgung gewährleistet. Es verfügt über eine Gangreserve von circa zweiundsiebzig Stunden. Die Yacht-Master II ist, wie alle Rolex-Uhren, als »Superlative Chronometer« zertifiziert.

ZIFFERBLATT: Das Design der Yacht-Master II ist gekennzeichnet durch ihr weiß-blaues Zifferblatt mit blauer Lünette. Dieses Modell verfügt über einen markanten Kreisbogen mit im Uhrzeigersinn von 10 bis 0 angeordneten Zahlen, über den ein kleiner Zeiger mit dreieckiger Spitze wandert. Auf der Lünette findet sich die gleiche Zahlenfolge, ergänzt durch die Aufschrift »Yacht-Master II«. Die abnehmenden Ziffern verdeutlichen sofort, dass die Zeitmessung nicht durch Addition der Zeiten, sondern durch einen Countdown erfolgt. Zusätzlich zu den zentralen Sekunden-, Minuten- und Stundenzeigern verfügt das Modell über einen kleinen Zeiger bei 6 Uhr.

GEHÄUSE: Die Yacht-Master II ist mit einem Oyster-Gehäuse von 44 Millimetern Durchmesser ausgestattet. Zudem weist sie ein Ring-Command-System auf, einen Interaktionsmechanismus zwischen Gehäuse und Uhrwerk. Er ermöglicht es dem Träger, die Dauer des Countdowns mithilfe der drehbaren Lünette und der Aufzugskrone einzustellen.

ARMBAND: Die Yacht-Master II ist mit einem dreigliedrigen Oyster-Armband ausgestattet. Dieses Armband verfügt über eine Oysterlock-Sicherheitsschließe, die ein versehentliches Öffnen verhindert. Außerdem ist es mit einem von Rolex entwickelten Easylink-Komfortverlängerungsglied versehen, mit dem der Träger das Armband um etwa 5 Millimeter verlängern kann, um in jeder Situation zusätzlichen Komfort zu erhalten.

Deepsea

Die 2008 eingeführte Deepsea erfüllt die hohen Erwartungen professioneller Taucher in puncto Druckfestigkeit unter Wasser, Genauigkeit und Zuverlässigkeit.

Im Jahr 2010, etwa ein Jahrhundert nach der Bezwingung des Nordpols, nahmen acht Extremtaucher die Herausforderung einer Polarexpedition an, die unter Wasser liegenden Gebiete der Arktis zu erforschen. Ihr Ziel war es, zu erkunden, was unter dem Meereis verborgen liegt, und auch andere zur Forschung anzuregen. Fünfundvierzig Tage lang fuhr das Team in der kanadischen Hocharktis mit Skiern bis an den Rand der Welt und unternahm wiederholt Tauchgänge, um den Reichtum eines Ökosystems zu beobachten, das zunehmend der globalen Erwärmung zum Opfer fällt. Zur Ausrüstung der Expeditionsteilnehmer gehörten Foto- und Videokameras und fünf Oyster-Uhren. Emmanuelle Périé, die einzige Frau im Team, erklärte am Ende der Expedition: »Die einzigen Tauchinstrumente, die die ganze Zeit funktionierten, waren unsere Rolex-Uhren – das Modell Oyster Perpetual Deepsea.«

Die Deepsea erinnert an die Geschichte von Rolex und an die Herausforderungen, die mit der Erforschung der Tiefen der Ozeane verbunden sind. Sie kann dem Wasserdruck in großen Tiefen widerstehen, dank ihrer spezifischen Eigenschaften. Gemeint ist hier die Deepsea Special, eine Uhr, die Jacques Piccard und Don Walsh im Jahr 1960 begleitete, als sie in den Marianengraben tauchten.

Die Deepsea ist mit dem Ringlock-System ausgestattet, einer von Rolex entwickelten und patentierten Gehäusearchitektur. Das System versetzt die Uhr in die Lage, dem kolossalen Druck standzuhalten, der in einer Tiefe von 3.900 Metern herrscht und der einem Gewicht von etwa drei Tonnen auf dem Uhrenglas entspricht. Das Ringlock-System basiert auf der Kombination von drei Elementen: einem leicht gewölbten Saphirglas, 5,5 Millimeter dick und mit einer Antireflexbeschichtung versehen; einem Hochleistungs-Kompressionsring aus stickstofflegiertem Edelstahl im Inneren des mittleren Gehäuses (zwischen Glas und Gehäuseboden), der dem Wasserdruck aus eigener Kraft standhalten kann; und einem Gehäuseboden aus RLX-Titan, der durch einen weiteren verschraubten Ring aus Oystersteel gehalten wird. Diese drei Komponenten überlagern sich im Inneren des mittleren Gehäuses, das aus einem massiven Oystersteel-Block gefertigt ist, einem besonders korrosionsbeständigen Material. Die mit einem integrierten Kronenschutz versehene und im Gehäuse verschraubte Trip-Lock-Aufzugskrone trägt zur Wasserdichtheit der Uhr bei.

Das Oyster-Gehäuse der Rolex Deepsea mit einem Durchmesser von 44 Millimetern ist außerdem mit dem 1967 patentierten Heliumauslassventil ausgestattet. Es dient bei allen Uhren, die von dem Unternehmen speziell für das Tiefseetauchen entwickelt wurden, als Sicherheitsventil. Während der Dekompressionsphasen in einer Überdruckkammer, die beim Sättigungstauchen verwendet wird, ermöglicht das Ventil ein Entweichen des überschüssigen Heliums, das sich im Gehäuse angesammelt hat, ohne dessen Dichtigkeit zu beeinträchtigen.

Deepsea Under The Pole von Rolex, eine Pionierexpedition, die 2010 unternommen wurde, um den unterseeischen Teil der Arktis zu erforschen.

Die einseitig drehbare Lünette der Rolex Deepsea ist mit einem Cerachrom-Einsatz aus schwarzer Keramik mit 60-Minuten-Abstufung ausgestattet, der Tauchern die Überwachung ihrer Tauchzeiten ermöglicht. Dieser patentierte Einsatz besteht aus einer besonders harten, kratzfesten Keramik, deren Farbe durch die ultraviolette Strahlung nicht verändert wird. Außerdem ist die Hightech-Keramik aufgrund ihrer chemischen Zusammensetzung inert und kann nicht korrodieren. Die Skalen und vertieften Ziffern sind im PVD-Verfahren (Physical Vapor Deposition; Physikalische Gasphasenabscheidung) mit Platin beschichtet. Dank des griffigen Rändelrandes lässt sich die Lünette auch mit Handschuhen gut bedienen.

Die gute Lesbarkeit dieser professionellen Taucheruhr hat große Aufmerksamkeit erregt. Auf dem Zifferblatt sind Chromalight-Indizes und -Zeiger mit einer Leuchtmasse gefüllt oder beschichtet, deren lang anhaltendes blaues Licht eine doppelt so lange Leuchtkraft aufweist wie herkömmliche phosphoreszierende Materialien. Auf der Lünette ist die Nullmarkierung der Skala in Form eines Dreiecks dank des gleichen Leuchtstoffs auch im Dunkeln sichtbar.

Tauchen erfordert absolute Zuverlässigkeit und Sicherheit. Daher wird jede Deepsea-Uhr den sehr strengen Wasserdichtheitskontrollen unterzogen, die als Standard für Taucheruhren vorgeschrieben sind. Zu diesem Zweck wurde in Zusammenarbeit mit COMEX (Compagnie Maritime d'Expertises), einem französischen Unternehmen, das international für seine Spezialisierung auf Unterwassertechnik und hyperbare Technologien bekannt ist, ein besonderer Überdrucktank entwickelt. In diesem Tank wird die Wasserdichtheit jeder Rolex Deepsea bis zu einer Tiefe von 3.900 Metern mit einer zusätzlichen Sicherheitsmarge von fünfundzwanzig Prozent getestet.

Das Modell Deepsea Challenge.

Die Deepsea diente als Inspiration für ein experimentelles Uhrenmodell namens Deepsea Challenge, das am 26. März 2012 am Manipulatorarm des U-Boots Deepsea Challenger befestigt wurde und den Forscher und Filmemacher James Cameron bei einem Solo-Tauchgang in 10.908 Metern Tiefe im Pazifik begleitete. Diese Uhr, die garantiert bis zu einer Tiefe von 12.000 Metern wasserdicht ist, beinhaltet alle technischen Innovationen der Marke in Bezug auf die Wasserdichtheit. Während der Testphasen wurde sie erfolgreich dem Druck ausgesetzt, der in 15.000 Metern unter der Oberfläche herrscht. In dieser Tiefe ist der zentrale Ring des Ringlock-Systems einem Druck ausgesetzt, der einem Gewicht von zwanzig Tonnen entspricht.

Im Jahr 2014 präsentierte Rolex eine Gedenkversion der Deepsea. Ihr »D-Blue«-Zifferblatt in zarten Schattierungen von Mitternachtsblau bis zu intensivem Schwarz erinnert an die Unterwasserwelt, in der selbst der letzte Sonnenstrahl von der Oberfläche verschwindet und nur die Dunkelheit des Abgrunds zurückbleibt. Das Zifferblatt ist eine Reminiszenz an die Expedition Deepsea Challenge, die von Rolex und der National Geographic Society gesponsert wurde, als James Cameron den tiefsten Punkt des Ozeans erreichte.

ORIGINAL GAS ESCAPE VALVE
ROLEX
SEA-DWELLER
36090ft = 11000m

Die Oyster Perpetual Deepsea aus Oystersteel mit schwarzem Cerachrom-Lünetteneinsatz und Oyster-Armband. Sie verfügt über ein einzigartiges D-Blue-Zifferblatt und große lumineszierende Indizes.

ZIFFERBLATT: Die blauen Chromalight-Stundenmarkierungen und -Zeiger der Deepsea weisen eine lang anhaltende Lumineszenz auf, die auch bei extrem schlechten Lichtverhältnissen gute Lesbarkeit ermöglicht.

GEHÄUSE: Unter den Innovationen ihrer gesamten Ausstattung ist das 44-mm-Gehäuse der Deepsea aus Edelstahl 904L ein besonderes Highlight.

ARMBAND: Das Oyster-Armband der Deepsea verfügt über ein Glidelock-System zur Feineinstellung mit über zehn Kerben im Abstand von etwa zwei Millimetern. Damit kann die Länge des Armbands um etwa zwanzig Millimeter angepasst werden. Auf diese Weise kann die Uhr über einem bis zu drei Millimeter dicken Tauchanzug getragen werden.

Als Hommage an diese Partnerschaft wurde das Zifferblatt mit dem Schriftzug »Deepsea« versehen, dessen Farbe vom Grün des U-Boots von James Cameron inspiriert ist. Die Deepsea verfügt wie alle Rolex-Uhren über die Zertifizierung »Chronometer der Superlative«. Sie bietet eine Genauigkeit in der Größenordnung von -2/+2 Sekunden pro Tag, der von der Marke tolerierten Abweichung für eine fertige Uhr. Die Rolex Deepsea ist mit dem Kaliber 3235 ausgestattet, einem mechanischen Uhrwerk mit automatischem Aufzug, das gänzlich von Rolex entwickelt und hergestellt wurde. Als Quintessenz der Technologie weist dieses Uhrwerk zahlreiche Patente auf und garantiert hohe Leistungen in Bezug auf Präzision, Autonomie, Stoßfestigkeit, Komfort und Zuverlässigkeit. Das Kaliber 3235 verfügt über einen Automatikaufzug mit einem Perpetual-Rotor, der für ein kontinuierliches Aufziehen der Triebfeder sorgt und somit eine konstante Energieversorgung durch die Bewegung des Handgelenks des Trägers gewährleistet. Es verfügt über eine Gangreserve von etwa siebzig Stunden, dank seiner Barrel-Architektur und der hocheffizienten Hemmung.

Die Rolex Deepsea ist mit einem dreigliedrigen Oyster-Armband ausgestattet. Es ist mit einer von Rolex entwickelten, patentierten Oysterlock-Sicherheitsschließe versehen, die ein versehentliches Öffnen verhindert. Außerdem ist die Uhr mit dem Rolex-Glidelock-System zur Feineinstellung ausgestattet. Dieser in die Schließe integrierte Zahnmechanismus (ebenfalls von Rolex entwickelt und patentiert) ermöglicht die Feineinstellung der Armbandlänge ohne den Einsatz von Werkzeugen.

Der Regisseur und Forscher James Cameron sagte nach seiner historischen Leistung: »Die Rolex Deepsea Challenge war während [meines] Tauchgangs ein zuverlässiger Begleiter.«

Sky-Dweller

Dieses 2012 vorgestellte Modell war der erste Rolex-Zeitmesser mit Jahreskalender.

Traditionell stellte Rolex keine Komplikationen her. Die Oyster Perpetual Sky-Dweller ist jedoch eine der komplexesten Uhren des »Kronen-Unternehmens«: Das Modell hatte tatsächlich einen Jahreskalender. Eine Jahreskalender-Komplikation ist in der Lage, das genaue Datum anzuzeigen und automatisch Monate mit 30 und 31 Tagen zu erkennen, mit der einzigen Ausnahme des Februars, bei dem eine Korrektur vorgenommen werden muss, je nachdem, ob der Monat 28 oder 29 Tage hat. Die Rolex Sky-Dweller verwendet den Saros-Jahreskalender, einen Mechanismus, der sich in Abstimmung mit dem Datum bewegt und sowohl den richtigen Monat als auch den Tag anzeigt. Der Name leitet sich von dem astronomischen Phänomen Saros ab, das sich im Laufe von 18,03 Jahren ereignet, wenn sich Sonne, Erde und Mond in einer Linie befinden. Die durch vierzehn Patente geschützte Sky-Dweller versorgt diejenigen Reisenden, die sich oft in verschiedenen Zeitzonen bewegen, mit allen Informationen, die sie für eine einfache zeitliche Orientierung benötigen.

Die Uhr ermöglicht das gleichzeitige Ablesen der Zeit in zwei Zeitzonen und bietet darüber hinaus einen Jahreskalender. Die Referenzzeit kann über die 24-Stunden-Anzeige in einer exzentrischen Zahlenscheibe abgelesen werden, während die traditionellen zentralen Zeiger die Ortszeit anzeigen. Die Spitze eines roten Dreiecks direkt unter dem »Rolex«-Schriftzug zeigt die zweite Zeit auf dem dezentralen 24-Stunden-Zifferblatt an, das zwischen Tag- und Nachtstunden unterscheidet. Der Jahreskalender mit Monatsanzeige wird in den zwölf Fenstern am Rand des Zifferblatts angezeigt, die mit den Stundenmarkierungen korrespondieren, beginnend mit dem Januar bei 1 Uhr, dem Februar bei 2 Uhr, bis zum Dezember bei 12 Uhr. Der Saros-Mechanismus gibt den aktuellen Monat über die entsprechende Blende in Farbe an.

Die Sky-Dweller verwendet das »Ring Command«-System, einen Mechanismus zur Interaktion zwischen der drehbaren Lünette, der Aufzugskrone und dem Uhrwerk. Das System ermöglicht es dem Träger, die Lünette zu drehen. Die Funktionen können eine nach der anderen einfach, schnell und sicher ausgewählt und eingestellt werden.

Die kannelierte Lünette wird auch bei anderen Uhrendesigns verwendet, etwa bei der Day-Date und verschiedenen Datejust-Modellen. Während die Lünette bei den vorgenannten Uhren jedoch eine rein ästhetische Aufgabe hat, kommt ihr bei der Sky-Dweller eine sehr wichtige Rolle zu: Durch Drehen ermöglicht sie den Zugriff auf die verschiedenen Funktionen des Modells und deren Regulierung. Die Lünette fungiert zusammen mit der Aufzugskrone als Wählscheibe. Durch Drehen im Uhrzeigersinn kann die Lünette drei Positionen einnehmen, um jeweils eine Funktion einzustellen: den Kalender, die Ortszeit (Zeiger) oder die Referenzzeit (die exzentrische Scheibe). Nach Einführung der Uhr im Jahr 2012 wurden mehrere Versionen der Sky-Dweller entwickelt: Varianten mit Metallarmband sind in Edelstahl, Gelbgold, Rotgold, Edelstahl mit Gelbgold und Edelstahl mit Weißgold erhältlich, und Modifikationen mit Softarmbändern werden mit einem Gehäuse aus Gelb- oder Rotgold angeboten. Das Modell mit seinem 42-mm-Gehäuse wird mit Zifferblättern in verschiedenen Farbtönen angeboten.

Version des Modells Sky-Dweller mit einem Edelstahlarmband.

ROLEX

Im Jahr 2020 präsentierte Rolex eine gelbgoldene Version, die mit einem Oysterflex-Armband versehen war. Dieses innovative, von Rolex entwickelte und patentierte Armband besteht aus zwei flexiblen Metallblättern – jeweils für eine der beiden Bandhälften – aus einer Titan-Nickel-Legierung. Die Lamellen sind mit schwarzem Hochleistungs-Elastomer umhüllt, einem Material, das langlebig und widerstandsfähig gegenüber Umwelteinflüssen ist. Für maximalen Komfort am Handgelenk ist das Oysterflex-Band auf der Innenseite mit »Polstern« ausgestattet. In der neuesten Version der Sky-Dweller ist das Armband mit einer von Rolex entworfenen und patentierten Oyster-Faltschließe aus Gelbgold versehen. Außerdem verfügt es über das ebenfalls von der Marke entwickelte und patentierte Rolex-Glidelock-Verlängerungssystem. Diese Vorrichtung enthält ein gezahntes Element unter der Schließenabdeckung; es kann mittels eines Schiebeglieds eingestellt werden, das in der gewählten Kerbe einrastet. Der Rolex Glidelock am Oysterflex-Armband weist sechs Kerben im Abstand von etwa 2,5 Millimetern auf; dies ermöglicht eine unkomplizierte Längenverstellung von etwa 15 Millimetern, ohne dass ein zusätzliches Werkzeug benötigt wird.

Das Model Sky-Dweller aus dem Jahr 2020 mit einem Oysterflex-Armband.

ZIFFERBLATT: Die Referenzzeit ist als 24-Stunden-Anzeige auf einer exzentrischen Zahlenscheibe ablesbar. Die Ortszeit wird derweil über die traditionellen zentralen Zeiger angezeigt. Die Monate des Jahres werden in zwölf Öffnungen am Rand des Zifferblatts dargestellt, wobei der aktuelle Monat rot hervorgehoben ist.

GEHÄUSE: Das Oyster-Gehäuse ist eine der neuesten Versionen und garantiert wasserdicht bis zu einer Tiefe von 100 Metern. Das mittlere Gehäuse ist aus einem massiven Gelbgoldblock gearbeitet.

ARMBAND: Die Gelbgold-Edition der Sky-Dweller ist mit einem Oysterflex-Armband ausgestattet, das die Robustheit und Zuverlässigkeit eines Metallarmbands mit der Flexibilität, dem Komfort und der Ästhetik eines Elastomer-Armbands verbindet – ein Novum.

Der Zeitmesser wurde als erster in der Kategorie der klassischen Uhren mit dem innovativen Hochleistungs-Elastomer-Armband ausgestattet. Er präsentiert sich mit einem Zifferblatt in leuchtendem Schwarz mit Sonnenschliff sowie gelbgoldenen Zeigern und Indizes. Die Referenz 326238 verfügt über eine Chromalight-Anzeige, bei der die Zeiger und Indizes für ein lang anhaltendes Leuchten mit einem lumineszierenden Material beschichtet oder gefüllt sind und bei Dunkelheit ein blaues Licht abgeben.

Die Sky-Dweller wird von dem Kaliber 9001 angetrieben, einem mechanischen Uhrwerk mit automatischem Aufzug, das gänzlich von Rolex hergestellt wird. Es ist eines der komplexesten Uhrwerke, die je von dem Unternehmen entwickelt wurden und verfügt über mehrere Patente. Sowohl das Design als auch die innovativen Elemente sichern hohe Leistungsstärke in Bezug auf Präzision und Zuverlässigkeit. Die Twinlock-Aufzugskrone ist mit einem System ausgestattet, das doppelte Wasserdichtheit ermöglicht und fest mit dem Gehäuse verschraubt ist. Das aus kratzfestem Saphirglas gefertigte Uhrenglas ist oberhalb von 3 Uhr mit einer Zykloplupe versehen, die das Ablesen des Datums erleichtert. Das Kaliber 9001 wird von einem Automatikwerk mit Perpetual-Rotor angetrieben und verfügt über eine Gangreserve von 70 Stunden. Wie alle Uhren von Rolex weist auch die Oyster Perpetual Sky-Dweller die Zertifizierung »Chronometer der Superlative« auf. Dies wird durch ein grünes Siegel belegt, das jeder Uhr zusammen mit einer internationalen Fünfjahresgarantie beiliegt.

Roger Federer trägt das Modell Oyster Perpetual Sky-Dweller.

OYSTER: EIN KONZEPT MIT BESTÄNDIGKEIT

Die Uhren der Oyster-Perpetual-Kollektion haben vier grundlegende Eigenschaften gemeinsam: Wasserdichtheit, automatischer Aufzugsmechanismus, Präzision und Zuverlässigkeit.

Grundlage des Erfolgs von Rolex ist die Intensität, die das Unternehmen der Herstellung von Produkten widmet, die sich durch extrem hohe Qualität und langjährige Präsenz auf dem Markt auszeichnen. Diese Kollektionen werden im Laufe der Jahre durch technische und stilistische Überarbeitungen lebendig gehalten und verbessert, ohne dass jedoch radikale Änderungen am Design vollzogen werden. Auf diese Weise bewahren alle Rolex-Modelle dauerhaft ihre Identität.

Schätzungen von Analysten zufolge stellt das Unternehmen jährlich etwa eine Million Uhren her. Rolex arbeitet kontinuierlich an der Optimierung der Zeitmesser – etwa indem Gehäuseabmessungen der Ästhetik der jeweiligen Zeit angepasst werden, neue Uhrwerke eingeführt und innovative Materialien entwickelt werden. Die typischen Merkmale des Oyster-Gehäusedesigns wie die geriffelte Lünette, der fein geriffelte Gehäuseboden und die hermetisch mit dem Gehäuse verschraubte Aufzugskrone sowie die Mercedes-Zeiger und Zykloplupe sind in verschiedenen Modellen zu finden und wurden selten in ihren wesentlichen Kennzeichen verändert.

Heute ähnelt eine Datejust oder eine Submariner stark früheren Modellen. Dank dieser formalen Konstanz ist eine Rolex sofort erkennbar.

Beständigkeit ist eine wesentliche Voraussetzung, sowohl hinsichtlich der Identität der Marke als auch in Bezug auf den Business-Plan und Wirtschafts- und Finanzstrategien. Während Rolex einerseits kontinuierlich Unternehmensgeschichte schreibt, ist die Marke andererseits stark auf Innovation ausgerichtet – dank der außergewöhnlichen technologischen Werkzeuge, die dem Unternehmen zur Verfügung stehen.

Bei der Konzeption und Weiterentwicklung ihrer Modelle hat die Marke die Zeitmesser immer ganzheitlich betrachtet. Dieser Ansatz hat die vertikale Integration von Rolex begünstigt; das Unternehmen ist Eigentümer aller wesentlichen Komponenten seiner Uhren, von den nicht mechanischen Teilen bis zu den Uhrwerken.

Dies erklärt sowohl die schrittweise Entwicklung, die die Rolex-Uhren durchlaufen haben und sie noch immer kennzeichnet, als auch die Einsparungen durch Skaleneffekte, die sich daraus ergeben, dass Innovationen, die für ein bestimmtes Modell entwickelt wurden, auch für andere Uhrenmodelle genutzt werden. Dies war etwa bei Cerachrom der Fall, einer nahezu unveränderlichen Hightech-Keramikkomponente, die von Rolex patentiert und 2005 vorgestellt wurde.

Cerachrom wurde zunächst für einen Einsatz in der Lünette der GMT-Master II verwendet, dann wurde die Nutzung auf die Taucheruhren und Yacht-Master-Modelle ausgeweitet und schließlich in einer Monoblock-Version für die Cosmograph Daytona eingesetzt. Auf der Vorderseite des Uhrwerks wurde die paramagnetische blaue Parachrom-Spirale, eine patentierte Eigenentwicklung von Rolex, seit dem Jahr 2000 nach und nach für zahlreiche weitere Modelle übernommen.

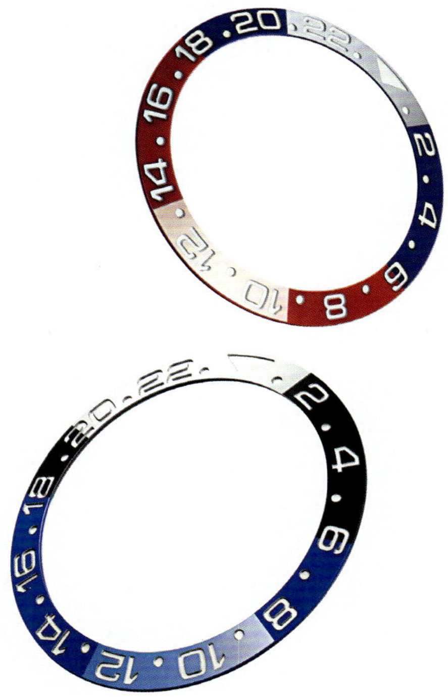

Zweifarbige Lünetten für die GMT-Master und ein Uhrenglas mit Zykloplupe.

Zwei Kategorien

Das Oyster-Gehäuse ist ein Meilenstein in der Geschichte der modernen Uhrmacherkunst. Es wurde 1926 von Rolex erfunden und war das erste wasserdichte Armbanduhrgehäuse der Welt, dank eines patentierten Systems mit Lünette, Gehäuseboden und Aufzugskrone, die in der Mitte des Gehäuses verschraubt wurden. Die Oyster von 1926 war eine präzise, verlässliche und funktionelle Armbanduhr. Ihre charakteristische Form erhielt sie durch die Einführung des Automatikaufzugs mit einem Perpetual-Rotor im Jahr 1931. Schrittweise entwickelte sich so eine Uhrenkollektion, in die kontinuierlich neue Funktionen und innovative Technologien integriert wurden.

Auf der Grundlage der Oyster Perpetual hat Rolex im Laufe der Jahrzehnte eine Reihe von Uhren entwickelt, die an den zunehmend dynamischeren Alltag angepasst waren, mit neuen Modellen, die den spezifischen Bedürfnissen und Anforderungen der Menschen an eine zuverlässige, präzise und robuste Uhr entsprachen.

Oben: Explorer-Modell.

Rechts: Die erste Oyster, datiert 1926.

Anlässlich des vierzigsten Jahrestages seiner Gründung präsentierte Rolex 1945 eine Oyster Perpetual mit einer neuartigen Datumsanzeige auf dem Zifferblatt in einem Fenster bei 3 Uhr: die Datejust. Von diesem Zeitpunkt an wurden die Oyster-Uhren in zwei Kategorien unterteilt. Die erste Kategorie beeinhaltet elegante und prestigeträchtige Uhren mit Kalender, wie die Oyster Perpetual Datejust und die Oyster Perpetual Day-Date, die sowohl den Wochentag als auch das Datum anzeigt (1956), bis hin zur Oyster Perpetual Sky-Dweller mit Jahreskalender und zweiter Zeitzone (2012). Die zweite Kategorie umfasst professionelle Uhren mit Funktionen und Merkmalen, die auf bestimmte Aktivitäten ausgerichtet sind. Diese Modelle wurden häufig als Reaktion auf die Erfahrungen der Oyster-Perpetual-Nutzer in ihren jeweiligen Bereichen entwickelt.

Diese zweite Kategorie wurde 1953 mit der gleichzeitigen Lancierung der Oyster Perpetual Explorer, einem Modell für Entdecker und Bergsteiger, sowie der Oyster Perpetual Submariner, der ersten bis zu einer Tiefe von 100 Metern wasserdichten Taucherarmbanduhr, eingeläutet. Die verschiedenen Modelle dieser Kategorie wurden als Antwort auf die spezifischen Bedürfnisse von Berufstätigen und Reisenden (GMT- Master und GMT-Master II), Wissenschaftlern und Ingenieuren (Milgauss) sowie Segelsportlern und Skippern (Yacht-Master und Yacht-Master II) entwickelt. Rolex hat im Laufe seiner Geschichte mehr als vierhundert Patente angemeldet und setzt seine Innovationen fort, um die Leistung seiner Zeitmesser ständig zu verbessern.

ROLEX
OYSTER
ULTRA PRIMA
SWISS
MADE

Das Konzept der Oyster Perpetual

Die Uhren der Kollektion Oyster Perpetual zeichnen sich durch ein hermetisch geschlossenes Gehäuse aus. Die jüngste Version des Oyster-Gehäuses ist wasserdicht bis zu einer Tiefe von hundert Metern – bei der Submariner und der Submariner Date sind es dreihundert Meter, bei der Sea-Dweller 1.200 Meter, bei der Rolex Deepsea 3.900 Meter und bei der Deepsea Challenge sogar 11.000 Meter. Das Gehäuse kann aus einem massiven Block aus Oystersteel, RLX-Titan, Gold oder 950er Platin gefertigt werden. Der fein gerillte Gehäuseboden wird mit einem speziellen Instrument hermetisch verschraubt. Die Twinlock-Aufzugskrone mit doppelter Wasserdichtheit und die Triplock-Krone mit dreifacher Wasserdichtheit, die speziell in den Modellen der Taucheruhren von Rolex zum Einsatz kommen, sind ebenfalls fest mit dem Gehäuse verschraubt. Alle Oyster-Perpetual-Modelle sind mit einem mechanischen Uhrwerk mit Automatikaufzug und einem Perpetual Rotor ausgestattet. Bis heute ist der Name »Oyster Perpetual« auf allen Zifferblättern zu finden, außer bei den Modellen mit Diamantbesatz. Alle Uhren der Kollektion werden der offiziellen COSC-Zertifizierung (Contrôle Officiel Suisse des Chronomètres) unterzogen. Die Uhrwerke, die sämtliche COSC-Tests erfolgreich bestehen, erhalten die offizielle Chronometer-Zertifizierung. Rolex bewertet die Präzision jedes fertigen Zeitmessers noch nach einem zweiten, strengeren Toleranzkriterium als dem der offiziellen Zertifizierung: Nach Angaben des Unternehmens darf die Präzision der Uhren nicht mehr als -2/+2 Sekunden pro Tag abweichen, während die COSC im Uhrwerk selbst eine Abweichung von -4/+6 Sekunden pro Tag toleriert. Rolex-Uhren verfügen daher über eine »Superlative Chronometer«-Zertifizierung, die 2015 von der Marke neu definiert wurde. Das exklusive Prädikat bescheinigt, dass jede Uhr aus den Werkstätten erfolgreich eine Reihe von Tests bestanden hat, die in einer vollautomatischen Kette mit Hightech-Geräten durchgeführt werden. Dabei wird die Uhr in ihrer Gesamtheit nach dem Einbau des Uhrwerks in das Gehäuse geprüft, um ihre Leistung, ihre Präzision, ihre Wasserdichtheit, ihren automatischen Aufzug und ihre Gangautonomie zu garantieren. Der Status als »Superlative-Chronometer« wird durch ein grünes Siegel gekennzeichnet, das jeder Rolex-Uhr beiliegt.

Die Uhren der Kollektion Oyster Perpetual zeichnen sich auch durch eine exakte Planung und sorgfältige Auswahl der Materialien aus. Für ihre Gehäuse, Zifferblätter und Armbänder verwendet Rolex ausschließlich kostbare oder äußerst robuste Materialien: 18-karätiges Gold, das in der hauseigenen Gießerei gegossen und anschließend in den eigenen Werkstätten geformt und gefräst wird, 950er Platin, Oystersteel mit extrem hohen Korrosionsschutzeigenschaften, RLX-Titan (eine leichte Titanlegierung der Güteklasse 5, die zudem verformungs- und korrosionsbeständig ist) oder Hightech-Keramik für Cerachrom-Lünetten und -Einsätze. Die gleiche Zuverlässigkeit wie bei den Oyster-Perpetual-Modellen findet sich auch bei den Armbändern sowie den von Rolex entwickelten und gefertigten Schließen, die dem Träger ein Höchstmaß an Komfort und Sicherheit garantieren.

Im Laufe der Jahre hat Rolex die Vision des Gründers Hans Wilsdorf weitergeführt: dass ein Zeitmesser unter allen Umständen vor allem der Funktion und der Haftung Vorrang geben muss.

Der Cosmograph Daytona ist mit dem Kaliber 4130 ausgestattet, einem mechanischen Chronographenwerk mit Automatikaufzug, das gänzlich von Rolex entwickelt und hergestellt wurde, und besitzt eine Gangreserve von etwa 72 Stunden. Das Uhrwerk verfügt über eine Chronographenfunktion mit weniger Bauteilen, wodurch sich seine Zuverlässigkeit weiter erhöht. Der Chronograph wird durch einen Mechanismus mit einem Säulenrad und einer vertikalen Kupplung aktiviert. Dies ermöglicht einen sofortigen und hochpräzisen Start der Zeitmessung.

Die geriffelte Lünette der Oyster hatte ursprünglich eine besondere Funktion: Sie diente der Verschraubung mit dem Gehäuse und trug dazu bei, die Wasserdichtheit des Zeitmessers zu gewährleisten. Folglich war die Riffelung der Lünette eine exakte Nachbildung der Rillen auf dem Gehäuseboden, der aus demselben Grund mit speziellen Rolex-Werkzeugen an das Gehäuse geschraubt wurde. Im Laufe der Zeit hat sich die Riffelung zu einem ästhetischen Merkmal entwickelt, einem Markenzeichen von Rolex, das nur in Luxusausführungen aus Gold oder Platin zu finden ist.

Das Oyster-Gehäuse von Rolex, das aufgrund seiner perfekten Wasserdichtheit revolutionär war, wurde einige Jahre nach seiner Markteinführung von dem berühmten Polarforscher Henry George »Gino« Watkins getestet, der auf seiner langen Expedition entlang der grönländischen Küste zwischen 1930 und 1931 verschiedene Exemplare der Oyster Perpetual mit sich führte. Nach seiner Rückkehr teilte Watkins Rolex seine Bewunderung für diese Zeitmesser mit, da sie mehrfach unter Wasser gerieten und dennoch perfekt funktionierten.

Im Jahr 1933 trugen die Piloten der Houston-Expedition Rolex-Uhren, als sie den ersten Flug über den Everest in über zehntausend Metern Höhe absolvierten. Einer von ihnen, Oberstleutnant Stewart Blacker, erklärte später: »Ich kann mir kaum vorstellen, dass jemals zuvor eine Uhr unter praktischen Bedingungen solchen Extremen ausgesetzt war. Trotz alledem funktionierten die Uhren mit äußerster Genauigkeit. […] Nicht der geringste Fehler konnte an ihnen gefunden werden.«

Die hochtalentierte junge Bergsteigerin Annelies Lohner, die aus dem kleinen Dorf Grindelwald am Fuße der berühmten Jungfrau in den Berner Alpen stammt, bewies bemerkenswerte Charakterstärke, als sie sich anschickte, die erste Schweizer Nachkriegsexpedition in den Himalaja zu organisieren. Als Abenteurerin und Pionierin im Erklimmen der höchsten Gipfel gelang es ihr, die Schweizerische Stiftung für Alpine Forschung (SSAF) davon zu überzeugen, dass eine Expedition in die Gangotri-Gruppe, einem Teil des Garhwal-Himalaja in Nordindien, der richtige Weg sei. Die Expedition, an der sie selbst teilnahm, bewältigte ihre ersten Etappen innerhalb von fünf Monaten, von Mai bis September 1947. Die Gruppe bestieg nacheinander den Kedarnath, den Satopanth, den Kalindi (vom Nordostgrat aus), den Balbala sowie den Nanda Ghunti, und erkundete auch das Chaukhamba-Massiv. Jeder dieser Berge ist mehr als sechstausend, wenn nicht siebentausend Meter hoch. Um sie bei ihrem Vorhaben zu unterstützen, vertraute Rolex allen fünf Mitgliedern der Expedition Oyster Perpetuals an, die sie während der gesamten Expedition am Handgelenk trugen. Die Uhren begleiteten sie den ganzen Tag über bei all ihren Bewegungen, wobei sie den extremsten Bedingungen ausgesetzt waren und nie versagten. Nach ihrer Rückkehr betonten die Bergsteiger die Wasserdichtheit, die Präzision und die Bequemlichkeit der Uhren, die sich dank des Perpetual-Rotors selbst aufziehen. Der Expeditionsleiter André Roch schrieb am 7. Juli 1947 aus dem Basislager von Gangotri: »Die Rolex-Uhren, die wir alle tragen, zeigen die Zeit erstaunlich genau an. Sie sind sehr nützlich, und wir sind sehr zufrieden mit ihnen. Die Tatsache, dass wir sie nicht aufziehen müssen, wird besonders geschätzt.«

Die hochtalentierte junge Bergsteigerin Annelies Lohner trug bei ihren historischen Aufstiegen eine Oyster Perpetual.

Actual Movement of Rolex 'Prince'

Pure Solid Platinum, Government Hall-marked
£65.0.0

18 carat, White and Yellow Inlaid
£21.0.0

9 carat Plain Yellow Gold
£14.14.0

Non-tarnishable Sterling Silver
£8.8.0

These prices include a Swiss Government Observation Certificate of Super-Excellence, a spare strap, and a spare glass.

A WORTHY GIFT—*for services rendered*

- - - - - - The Rolex 'Prince' is no ordinary wrist watch—it is a *supergrade* production of outstanding merit and distinction. The 'Prince' is the only wrist watch in the world known to horological science as "Observatory Grade" and its perfect accuracy is verified by Swiss Government Scientists.

It is a watch for men of distinction . . . . a presentation watch in recognition of exceptional service rendered to art, science, or industry . . . . the highest mark of esteem to men of special talents or achievements.

Beautifully curved to the wrist—separate "seconds" dial—set in 15 fine rubies—58 hours with one winding—accuracy not affected by change of climate or temperature.

Manufacture of the 'Prince' wrist watch is limited to a comparatively small number—such fine watches cannot be produced quickly or in large quantities.

TRADE MARK

25 WORLD'S RECORDS FOR ACCURACY.

The Rolex 'PRINCE'

The watch for Men of Distinction

25 WORLD'S RECORDS FOR ACCURACY AT KEW (ENGLAND), GENEVA AND NEUCHATEL OBSERVATORIES.

See name on Dial and Movement.

Manufactured by the—

ROLEX WATCH CO., LTD. (H. Wilsdorf, *Managing Director*), GENEVA & LONDON

Stocked by good Jewellers throughout the British Empire.

Sole Agents for India: J. Boseck & Co., Calcutta; Lund and Blockley, Bombay; P. Orr & Sons, Ltd., Madras and Rangoon.

Garland Ad.

SAMMLER-STÜCKE

Einige Zeitmesser, die nur in kleinen Stückzahlen und über einen begrenzten Zeitraum produziert wurden, sind heute bei Sammlern heiß begehrt.

Als Männer Anfang des 20. Jahrhunderts begannen, Armbanduhren zu tragen, anstatt sie in die Tasche zu stecken, war sofort klar, dass die neuen Zeitmesser ein viel »härteres« Leben haben würden. Geschützt in der Kleidung, waren Taschenuhren weder Regen noch Feuchtigkeit, weder Staub noch Stößen ausgesetzt. All dies waren jedoch Widrigkeiten, die unweigerlich mit dem aktiven Lebensstil einhergingen, der in jenen Jahren immer beliebter wurde. Die Einführung eines wasserdichten Uhrengehäuses und eines Automatikwerks durch Rolex in den 1920er- und Anfang der 1930er-Jahre veränderte die Geschichte der Uhrmacherkunst für immer und setzte den Maßstab für die Zeitmesser der Neuzeit. Viele der Modelle, die heute noch von Rolex produziert werden, gehen auf diese frühen Prototypen zurück und sind auf dem Markt weithin bekannt. Andere der zur Geschichte des Unternehmens mit der »Krone« gehörenden Modelle wurden in kleinen Stückzahlen, in limitierter oder personalisierter Auflage produziert. Heute sind diese auf dem Sammlermarkt hoch geschätzt.

Zu diesen technischen und gestalterischen Raritäten gehört beispielsweise die erste Oyster aus dem Jahr 1926, die mit ihrem achteckigen Design eine Hommage an den Art-déco-Stil darstellt, der in Europa angesagt war. Nur wenige Jahre später, 1931, wies die erste Oyster Perpetual eine viel stromlinienförmigere, leichte Tonneau-Form auf; schon bald hatte sie dann ihre endgültige Form, die bis heute nahezu unverändert blieb.

Das Modell Prince, das ebenfalls dem Art-déco-Stil folgte, war eine Uhr in rechteckiger Form mit doppeltem Zifferblatt. Sie wurde auch als »Doctor's Watch« bezeichnet, weil die Stunden- und die Sekundenanzeige voneinander getrennt waren, sodass der Arzt Herzschlag und Puls leichter ablesen konnte. Anders als die Oyster war ihr Gehäuse nicht wasserdicht, ihr Uhrwerk ermöglichte jedoch ein höheres Maß an Präzision. Die ersten Prince-Modelle von Rolex waren die Prince Classic und die Prince Brancard.

Der Hauptunterschied bestand in den Gehäuseseiten, die bei der Classic gerade und bei der Brancard aufgeweitet waren. Rolex produzierte mehrere

Historische Anzeige für die Rolex Prince mit der Erklärung: »Die Uhr für Männer von Rang«.

Das Modell Prince.

Varianten dieser beiden Modelle, sowohl was die Zifferblätter als auch das für das Gehäuse verwendete Metall betraf, darunter die Railway Prince mit einem für verschiedene Fronten entwickelten Gehäuse und die Prince mit einer »springenden Stunde«. Sie wies einen Minutenzeiger auf dem oberen Zifferblatt auf, während die Stunde mittels einer innen liegenden Drehscheibe durch ein Fenster auf dem Zifferblatt angezeigt wurde.

Interessanterweise pries eine Werbung aus dem Jahr 1930 die Prince nicht nur als Uhr mit garantierter Observatoriums-Genauigkeit an, sondern auch als »Uhr für Männer von Rang«, als erstklassigen Zeitmesser für Personen, die sich durch ihre Fähigkeiten in Kunst, Wissenschaft oder Industrie auszeichneten. Zugleich hob sie hervor, dass eine Uhr von solcher Qualität nur in kleinen Stückzahlen hergestellt wurde, und ein Gegenstand sei, der sich nicht für die Massenproduktion eignet. Eine Anzeige aus dem Jahr 1932 verkündete zudem, dass die Prince nicht nur ein Objekt von ästhetischem Wert sei – ein »Juwel« wie viele andere auf dem Markt –, sondern trotz ihrer schlichten, raffinierten Eleganz ein Instrument von äußerster Präzision, wie die erhaltenen Zertifizierungen zeigten. Die Werbung versäumte es nicht, zu betonen, dass die Damenversionen, die Princess und die Oyster, ebenso wie die Prince für eine Elite bestimmt waren und von den Uhrenhändlern an eine ausgewählte Klientel verkauft wurden, um die Produkte in einem exklusiven Marktsegment zu positionieren.

Im Jahr 1935 bot Rolex eine auf fünfhundert Exemplare limitierte Sonderedition zum Jubiläum des britischen Königs Georg VI. an. Zur Lancierung dieses Sondermodells wurde die Jubiläumsuhr als ein Objekt beworben, das nur fünfhundert Familien an künftige Generationen weitergeben konnten; die glücklichen Kinder und Enkel vorausschauender Kunden konnten durch diese Uhr eine Verbindung zur Geschichte herstellen. Um den Erwerb dieser Uhr mit »perfekter Präzision« zu erleichtern, wurden auch einige Zusatzleistungen konzipiert und für drei Jahre garantiert, darunter eine Versicherung gegen Diebstahl oder Verlust, Reparaturen und eine Gravur auf der Rückseite des Gehäuses.

Rolex stellte die Prince-Modelle in den späten 1940er-Jahren ein und ließ sie 2005, mehr als ein halbes Jahrhundert später, als Teil der Cellini-Reihe wieder aufleben.

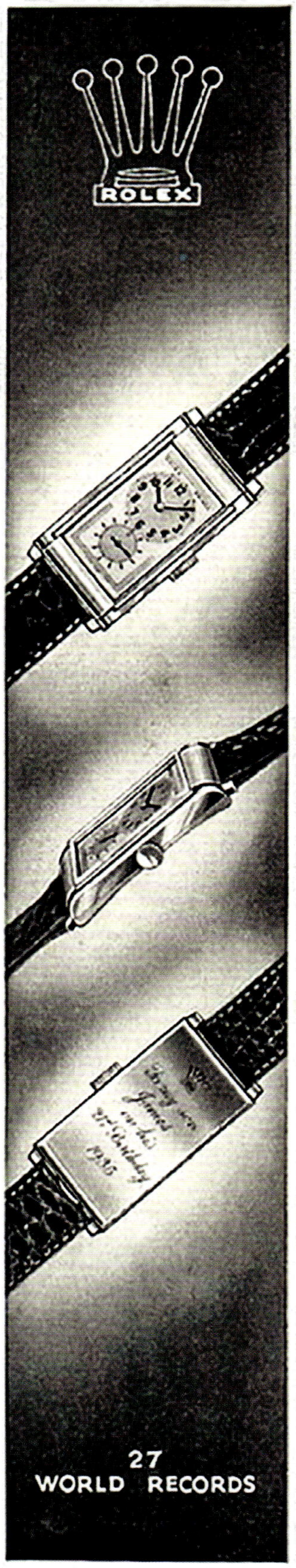

In exactly Five Hundred Families . . .

generation after generation will boast about this watch!

The Rolex Jubilee Prince that *you* bought— in 1935

To help perpetuate the memory of King George's brilliant Jubilee Year and Reign, the Rolex Watch Company decided to make *five hundred* special Rolex Prince watches—and to make them not only as beautiful as the occasion demanded but *more accurate and more enduring than ever before.*

In five hundred fortunate families, and five hundred only, this watch will become an heirloom in years to come—valued ten times beyond the price that will make you its owner to-day.

The science of watch-making has reached its utmost height in each of these watches: they are, in simple words, the best watches that have yet been made - at any price—in any country—at any time.

To *your* great-great-grand-children, one of these watches will be more than a link with history—almost the hero of a family legend, "the famous Jubilee watch"—the watch of perfect precision.

SPECIAL PRICE £21
(there are 500 only)

Every one of these 500 watches has been officially tested in five positions and three varying temperatures during 14 days by Swiss Government Scientists. Each has been certified and endorsed for unusual merit "*Especially Good*".

THE SPECIAL FEATURES ARE:—

(1) *Free Insurance against Loss & Theft:* Each Rolex Jubilee Prince is insured against loss and theft for 3 years under a Lloyds' Policy.

(2) *Free Repairs & Replacements:* For 3 years, the Rolex Factory will repair free any damage or breakage.

(3) *Free Service:* The Rolex Factory will clean, oil and re-adjust them to original precision.

(4) *Free Engraving:* Your own signature, initials, or any inscription desired, will be engraved—without charge.

This means that for 3 years not one penny of expense is incurred by the owner of a Rolex Jubilee Prince.

The strong and exquisitely fashioned Gold and Platinum Cases are particularly pleasing to the masculine eye. They are extremely comfortable to wear: there is no pressure, they fit the wrist exactly.

ROLEX JUBILEE PRINCE WATCH

TO BE OBTAINED FROM LEADING JEWELLERS THROUGHOUT GT. BRITAIN

If you have any difficulty when ordering the Rolex Jubilee Prince Watch, write for name of nearest distributor.

ROLEX WATCH CO. LTD
(Managing Director: H. Wilsdorf)
40-44 HOLBORN VIADUCT, E.C.1

LONDON · GENEVA · PARIS

1935. Werbung für das Modell Jubilee Prince.

Die »Bubbleback«

Im Jahr 1931 führte Rolex mit dem Perpetual-Rotor den ersten Automatikmechanismus der Welt ein und ließ ihn patentieren. Diese Vorrichtung war der Vorläufer aller modernen Automatikuhren. Die Verbindung des Oyster-Gehäuses mit dem Perpetual-Aufzugsmechanismus führte zu einer langen erfolgreichen Reihe von Modellen. Ihr Urvater war die Referenz 1858: Sie wurde im Englischen »Bubbleback« genannt, um ihre geschwungene Form zu betonen; da der Rotor fest mit dem Uhrwerk verbunden war, musste der Gehäuseboden besonders geräumig sein, um ihn unterzubringen. Die lange Reihe der Oyster Perpetual »Bubbleback« umfasst Exemplare mit verschiedenen Lünetten in unterschiedlicher dekorativer Verarbeitung sowie Zeiger in vielen Formen. Auch die »Bubbleback«-Zifferblätter entwickelten sich schnell weiter, sowohl in Bezug auf die Farbe als auch auf die Grafik. Diese ersten Modelle wurden der Öffentlichkeit mittels Anzeigen vorgestellt, die die Wasserdichtheit und Zuverlässigkeit der Uhren hervorhoben. Zugleich begann Rolex damit, Oyster-Uhren für Entdecker, Pioniere und Sportler anzubieten. Ziel war es, einerseits die technischen Eigenschaften der Uhren zu testen und andererseits enge Beziehungen zwischen der Marke und außergewöhnlichen Persönlichkeiten herzustellen, die als Werbeträger fungieren konnten.

Den Anfang machte Mercedes Gleitze, die 1927 beim Durchschwimmen des englischen Kanals die Wasserfestigkeit der Oyster auf den Prüfstand stellte. Die »Flugerprobung« wurde dem Piloten Charles Douglas Barnard anvertraut, der zahlreiche Rekorde aufstellte, darunter einen Neuntausend-Meilen-Flug in hundert Stunden von England nach Kapstadt in Südafrika im Jahr 1930. Der erste Flug über den Everest im Jahr 1933 im Rahmen der Houston-Expedition stellte einen neuen Höhepunkt bei der Erprobung der Oyster dar. Im Jahr 1935 »flog« Sir Malcolm Campbell in seinem Blue-Bird-Rennwagen mit einer Oyster am Handgelenk über die Rennstrecke und erreichte als erster Mensch die legendäre Landgeschwindigkeit von 300 Meilen pro Stunde.

Im Jahr 1945 produzierte Rolex ein wasserdichtes Modell mit Automatikaufzug und einem kleinen Fenster auf dem Zifferblatt bei 3 Uhr, das den Tag des Monats anzeigte: die »Big Bubbleback«. Sie hatte denselben abgerundeten Gehäuseboden wie die ursprüngliche »Bubbleback«, um den sperrigen Rotor zu umfassen, war aber vier Millimeter breiter (36 Millimeter) und wies eine Datumsanzeige auf: Dies war der Vorläufer der Datejust.

Ab 1949 wurde die Oyster mit neuen Formen und Mechanismen weiterentwickelt, die dem Design der heutigen Modelle mit ihrem etwas breiteren und schlankeren Gehäuse sehr nahekommen.

Ein Beispiel für das Modell Oyster Perpetual, das aufgrund der ovalen Form seines Gehäuses den Spitznamen »Bubbleback« trägt.

Chronographen

Die ersten Rolex-Chronographen kamen Mitte der 1930er-Jahre auf den Markt. Sie wurden bis zur Einführung des Modells Cosmograph Daytona im Jahr 1963 weiterentwickelt. Diese Chronographen, die als professionelle Uhren angesehen wurden, wurden in sehr kleinen Stückzahlen produziert, sodass sie heute als Rolex-Ikonen gelten. Gegen Ende des Jahrzehnts wurden auch Modelle mit zwei Druckstücken eingeführt. Ab 1937 wurden die ersten Chronographen mit Pulsometer- und Telemeterskalen auf dem Zifferblatt verkauft. Die Chronographen aus den 1930er- und 1940er-Jahren hatten kein Oyster-Gehäuse und waren daher nicht wasserdicht. Die Chronographen mit den Referenznummern 6234 und 6238 aus den frühen 1960er-Jahren waren jedoch mit einem Oyster-Gehäuse ausgestattet: Insbesondere die Nummer 6238 gilt als »Prä-Daytona«-Modell. Schlicht und minimalistisch, gab es in der Hochphase dieses Modells Varianten mit seltenen, personalisierten Zifferblättern. Die damalige Werbung betonte insbesondere dessen technische Überlegenheit. Ebenfalls selten und sehr begehrt sind die zwölf Rattrapante-Chronographen aus dem Jahr 1942, die zwei verschiedene Sekundenanzeigen bieten. Es handelt sich dabei um die Referenz 4113, ein einzigartiges Modell in der Geschichte von Rolex, das nie auf den Markt gebracht wurde. Diese zwölf Uhren wurden als Ehrengeschenke an Rennfahrer und ihre Teams vergeben. Die »Kriegsgefangenenuhren« von Rolex waren ebenfalls limitiert; diese Uhren konnten von britischen Soldaten erworben werden, die im Zweiten Weltkrieg von den Deutschen gefangen genommen worden waren.

Rolex bot an, Uhren zu ersetzen, die von in Gefangenenlager gebrachten Soldaten konfisziert worden waren, und verlangte die Bezahlung erst nach Kriegsende. Um die Uhren zu erhalten, mussten die Soldaten nur an Rolex schreiben, die Umstände ihres Verlusts erklären und angeben, wo sie inhaftiert waren. Die Uhren wurden dann, in der Regel über das Rote Kreuz, an das Gefangenenlager geschickt. Diese Form der Gutschrift trug nicht unwesentlich dazu bei, die Moral der alliierten Kriegsgefangenen zu heben, denn die Aktion zeigte, dass die Uhrenmanufaktur und ihr Eigentümer nicht daran glaubten, dass die Nazis den Krieg gewinnen würden – wäre er anders ausgegangen, wären die Uhren nicht erstattet worden. Hans Wilsdorf unterzeichnete persönlich Briefe an Soldaten, die um einen Zeitmesser baten: Es handelte sich um die Referenz 3525, einen der ersten Chronographen mit Oyster-Gehäuse, der offenbar Ende der 1930er- oder Anfang der 1940er-Jahre hergestellt wurde.

Weitere seltene Beispiele aus der Kriegszeit sind Modelle, die aus einer Zusammenarbeit zwischen Rolex und Panerai hervorgegangen sind. Mitte der 1930er-Jahre wandte sich die italienische Marine an Panerai in Florenz, um Uhren für die Ausrüstung ihrer Taucher zu erhalten. Auf diese Weise entstanden die von Panerai entworfenen und hergestellten Taucheruhren: Sie wurden mit einem speziellen, mit Radiomir behandelten Zifferblatt ausgestattet, um die notwendigen Parameter für die Ablesbarkeit zu erfüllen, während ihr Gehäuse, ihre Werke und Krone von Rolex signiert wurden. All diesen Uhren wird ein sehr hoher Wert als Sammlerstücke zugeschrieben.

Das Modell trägt den Spitznamen »Stelline« aufgrund der Form der Indizes.
Es ist eines der wenigen komplizierten Modelle, die von dem Unternehmen produziert wurden.

Komplikationen

Rolex hat traditionell keine Uhren mit Komplikationen hergestellt. Einige Modelle, die 1947 auf den Markt kamen, bildeten jedoch eine Ausnahme: Sie waren mit einer vollständigen Datumsanzeige (Datum, Tag und Monat) und einer Chronographenfunktion ausgestattet und wurden Dato-Compax genannt. Der Name »Dato« bezieht sich auf die vollständige Datumsanzeige. Die beiden Fenster bei 12 Uhr zeigten nämlich den Namen des Wochentags und des Monats an, während ein zentraler Pfeilzeiger auf den Tag des Monats weist. »Compax« bezog sich jedoch auf die Zähler bei 3 Uhr (eine Minutenskala) und 6 Uhr (eine Stundenskala) für die Chronographenfunktion. Der Zähler bei 9 Uhr markierte die laufenden Sekunden auf der Uhr. Diese Zeitmesser hatten einen hohen Preis, und die Zahl der Exemplare war sehr gering. Im Jahr 1951 erschien das Modell Dato-Compax, das die Sammler »Jean-Claude Killy« nannten, nach dem berühmten Skirennläufer der 1960er-Jahre, der ein großer Rolex-Liebhaber war und diese Uhr gerne trug. Im Jahr 1950 kreierte Rolex die Referenz 6062. Sie ist unter Liebhabern als »Stelline« bekannt, eine Uhr mit vollständigem Kalender und Mondphasen, die etwas im Gegensatz zur Philosophie des Unternehmens steht, kontinuierlich auf Einfachheit und Robustheit zu setzen. Das Modell zeichnet sich durch ein originelles Zifferblatt mit sternförmigen Indizes aus, daher der Spitzname, den es unter Sammlern erhielt. Es gibt dreihundertfünfzig Exemplare in Gelbgold, fünfzig in Rotgold und eine sehr begrenzte Anzahl in Edelstahl, die zwischen 1950 und 1953 hergestellt wurden. Aufgrund ihrer Seltenheit sind diese Stücke weltweit sehr begehrt.

Technische Aspekte

Im Jahr 1953 führte Rolex das Modell Turn-O-Graph mit der Referenz 6202 ein, das bis zu einer Tiefe von fünfzig Metern wasserdicht ist. Diese Uhr war nicht wie andere Modelle für große Tiefen ausgelegt, sondern zeichnete sich durch eine abgestufte Drehlünette aus, die die Zeitmessung für einen bestimmten Zeitraum ermöglichte. Im Laufe des Produktionszyklus erfuhr das Modell einige leichte grafische Veränderungen. In den Werbekampagnen jener Zeit wurde sie am Handgelenk eines Flugzeugpassagiers abgebildet, um sie als idealen Reisebegleiter zu bewerben. Betont wurde auch die Praktikabilität der skalierten Lünette für den täglichen Gebrauch, mit der beispielsweise die Dauer einer Reise oder eines Telefonats gemessen werden kann. Das Aufkommen der Submariner und die Geburt der GMT-Master markierten den Niedergang der Turn-O-Graph, deren Produktion Ende der 1950er-Jahre eingestellt wurde. An ihre Stelle trat die umfänglichere Serie der Datejust Turn-O-Graph: Das erste produzierte Exemplar war die Referenz 6309, auch bekannt als »Thunderbird«. Sie wurde nach der Kunstflugstaffel der U.S. Air Force benannt, die das Rolex-Modell zu ihrer offiziellen Uhr machte.

Die Rolex-Referenz 6202, das Armbanduhr-Modell Turn-O-Graph in Edelstahl.

Das Modell Datejust.

Das Mode l Tru-Beat, Referenz 6556.

Die wichtigsten Änderungen im Jahr 1977 umfassten neben der Einführung des neuen Kalibers 3035 mit Schnellverstellung des Datums auch ein flaches Zifferblatt mit breiterer Lünette sowie quadratische Zahlen und Indizes. Die fünfstelligen Modelle – die Referenz 16250 mit Edelstahlgehäuse und Weißgoldlünette, die Referenz 16523 mit Edelstahlgehäuse und Gelbgoldlünette sowie die Referenz 16528 mit Gelbgoldgehäuse und -lünette – blieben bis 1988 im Programm und wurden dann durch Modelle mit Saphirglas ersetzt. Zu den letzten Turn-O-Graph-Referenzen gehörten die Referenz 116264 in grauem Rolesor, 116263 in gelbem Rolesor und 116261 in rosafarbenem Rolesor. Die Turn-O-Graph wurde 2011 eingestellt und ist nun eines der begehrtesten Modelle auf dem Sekundärmarkt.

Eine weitere Uhr, die in den 1950er-Jahren entwickelt wurde und später aus dem Rolex-Katalog verschwand, war die Tru-Beat. Dieses Modell, das 1954 vorgestellt wurde, trug die Referenznummer 6556. Ästhetisch ähnelt sie einer normalen 34-mm-Oyster-Perpetual, wird aber von einem hochentwickelten Uhrwerk, dem Kaliber 1040, angetrieben. Dies ermöglicht die Funktion der »toten Sekunde«: Diese einzigartige Komplikation bedeutete, dass sich der Sekundenzeiger nicht kontinuierlich, sondern leicht ruckartig bewegte, was das Ablesen der Sekunden erleichterte. Die Uhr wurde in Edelstahl sowie in Gelb- und Rotgold hergestellt. Die Zeiger hatten die Form einer Dauphine, und bei einigen Exemplaren war der Sekundenzeiger rot. Die verhaltene Resonanz auf dem Markt veranlasste Rolex, die Produktion zu unterbrechen, wahrscheinlich schon 1959. Die geringe Anzahl der produzierten Exemplare macht sie heute zu einem wertvollen Sammlerstück.

Experimente mit Quarz

Zur Bewältigung der »Quarzkrise«, die Ende der 1960er-Jahre durch die japanische und amerikanische Uhrenindustrie ausgelöst wurde, schlossen sich die Schweizer Uhrenhersteller zu einem Konsortium zusammen. Ziel war es, ein elektronisches Uhrwerk zu konstruieren, das den auf den Markt gebrachten Werken ebenbürtig war. Das Konsortium, das sich Center Electronique Horloger (CEH) nannte, entwickelte das quarzbetriebene Kaliber Beta 21.

Rolex verwendete dieses Kaliber 1970 in der Referenz 5100, die wegen ihres Designs den Spitznamen »Texan« erhielt. Sie zeichnete sich durch ein imposantes 40-mm-Goldgehäuse, mit geradlinigeren Formen als die Oyster, die Verwendung von Saphirglas und ein schnell einstellbares Datum aus. Das Design des Armbands ist angelehnt an das der President, interpretiert es aber nach den geometrischen Regeln des Jahrzehnts neu. Es wird angenommen, dass die Uhr nur in einer Auflage von tausend Exemplaren hergestellt wurde. Inoffiziellen Angaben zufolge wurden neunhundert Exemplare in Gelbgold und einhundert in Weißgold hergestellt; einigen Quellen zufolge gab es jedoch eine zweite Auflage, durch die sich die Gesamtzahl auf zweitausend erhöhte. Für dieses Modell entwickelte Rolex eine Werbekampagne, die die herausgehobene Stellung betonen sollte: Mit dem Kauf einer Referenz 5100 erwarb man nicht nur eine Uhr, sondern ein Symbol für Luxus und Komfort. Das Unternehmen beschloss daher, den Käufern dieses teuren Modells die Mitgliedschaft in einem der exklusivsten Clubs anzubieten: dem »Rolex Quartz Club«. Die Mitgliedschaft in diesem Club, der ad hoc zu diesem Anlass gegründet worden war, erfolgte automatisch beim Kauf einer Referenz 5100. Für diese wenigen Glücklichen garantierte der Club unbegrenzten Zutritt zum Genfer Hauptsitz mit privater Besichtigungsmöglichkeit und einer Unterschrift in einem goldenen Rolex-Register. Trotz anfänglicher Begeisterung des Publikums für die ersten Exemplare hatte die »Texan« nicht den gewünschten Erfolg. Dies veranlasste das Genfer Unternehmen, die Produktion nach nur zwei Jahren einzustellen.

Das Modell »Texan« aus Gelbgold, Referenz 5100.

Das Modell »Texan« aus Weißgold, Referenz 5100.

Das Modell Datejust Oysterquartz, Referenz 17000.

Das Modell Day-Date ist mit einem Quarzwerk ausgestattet.

Trotz der Beteiligung am CEH-Konsortium zögerte Rolex, ein Uhrwerk zu verwenden, das nicht direkt vom Unternehmen selbst entwickelt worden war. Daher stellte es 1977 die Datejust Oysterquartz Referenz 17000 vor, die vom Quarzkaliber 5035 angetrieben wurde. Dabei handelt es sich um ein elektromechanisches Uhrwerk; es ist mit einem selbstregulierenden System ausgestattet, das die Frequenz des Quarzkristalls entsprechend der Umgebungstemperatur kalibriert. Im Jahr 1978 erhielt das Kaliber die prestigeträchtige COSC-Zertifizierung: Auf dem Zifferblatt, das zunächst nur das Rolex-Logo und den Schriftzug »Oysterquartz« aufwies, wurde der Schriftzug »Superlative Chronometer Officially Certified« ergänzt. Auch das Design dieses Zeitmessers löste sich völlig von der klassischen Linie und orientierte sich an den typischen Formen der Epoche: ein quadratisches Gehäuse, ein integriertes Armband mit satinierten und glänzenden Oberflächen, und ein Saphirglas. Eine ganze Linie basierte auf dieser Uhr, darunter einige Datejusts mit dem Kaliber 5035 und einige Versionen der Day-Date mit dem Kaliber 5055. Von 1977 bis 2001 produzierte Rolex diese Quarzmodelle in Edelstahl, Gelb- oder Weißgold sowie in einer zweifarbigen Kombination aus Edelstahl und Gold, und im Laufe der Jahre gab es zahlreiche limitierte Versionen mit Edelsteinen und speziellen Verarbeitungen. Auf den Rolex-Preislisten wird die Produktion der Oysterquartz-Modelle über fünfundzwanzig Jahre auf eintausend Exemplare pro Jahr geschätzt, was insgesamt etwa fünfundzwanzigtausend Stück entspricht. Seit Kurzem sind sie auch bei europäischen Sammlern begehrt, werden aber vor allem auf dem amerikanischen und asiatischen Markt geschätzt.

Eine seltene Oysterquartz Referenz 19048 in Gelbgold mit Diamanten.

ROLEX

SICHTWEISEN

Osvaldo Patrizzi

DIE MACHT EINES NAMENS (ODER SPITZNAMENS)

Der renommierte Uhrenexperte Osvaldo Patrizzi analysiert die Bedeutung der Namen, die das Unternehmen den Modellen, Gehäusen und Armbändern verliehen hat. Die Spitznamen und Bezeichnungen bestimmter Referenzen und charakteristischer Merkmale, darunter das berühmte »Patrizzi-Zifferblatt«, sind häufig auf Sammler zurückzuführen.

Einer der Aspekte, die das Charisma von Rolex von Beginn an ausgemacht haben, ist die Verwendung von Namen anstelle von Referenznummern, wie dies üblicherweise Uhrmacher in der Vergangenheit getan haben. Nach Ansicht von Patrizzi ein Erfolgsfaktor: »Die Namen sollten im Laufe der Jahre eine äußerst wichtige Rolle spielen und für die Marke Rolex stehen, die Anfang des zwanzigsten Jahrhunderts, also später als die meisten großen Marken, ihren Anfang nahm. Während alle anderen Unternehmen noch überwiegend Taschenuhren herstellten, war es das erklärte Ziel von Hans Wilsdorf, Armbanduhren zu produzieren und damit ein neues Publikum anzusprechen.« Das erste wasserdichte Gehäuse trug den Namen Oyster, ein Name, der neben der Kostbarkeit einer technischen »Perle« auch ihren Unterwassercharakter betont. Perpetual war die Bezeichnung für das mechanische Uhrwerk, mit dem sich das Modell automatisch aufziehen konnte. Es folgten Modellbezeichnungen, die auf ein Konzept der Ausschließlichkeit, der Außergewöhnlichkeit und der Präzision im Bereich der Zeit verweisen: Prince, Datejust, Submariner, Explorer, GMT-Master, Yacht-Master, ... Herausragend ist hier insbesondere die ikonische Daytona, die mit der Geschwindigkeit des Motorsports assoziiert wird. Sogar die Armbänder hatten Namen wie Jubilee oder President. Eine der interessantesten Eigenschaften der Rolex-Modelle ist, dass sie eine ungewöhnlich hohe Wahrscheinlichkeit aufweisen, einen Spitznamen zu erhalten.

Traditionell waren es die Sammler, die damit begannen, bestimmte Modelle nach Produkten oder Filmfiguren zu benennen, und auf die spezifischen Eigenschaften eines einzelnen Modells hinzuweisen. »Ob spontan oder marketinggesteuert, die Spitznamen halfen dabei, den Mythos der Marke zu nähren und den Modellen eine größere emotionale Nähe zu den Käufern zu verleihen, ohne dass die Uhren zwangsläufig zugänglicher werden.«

Osvaldo Patrizzi, Experte für Uhren und Berater in dieser Branche.

Die »Batman«-Ausgabe des Modells GMT-Master.

Farb-Varianten

Rolex GMT-Masters mit roter und blauer Lünette werden »Pepsi« genannt. Dieser Name rührt von der Ähnlichkeit zwischen den Farben der Uhrenlünette und dem Logo des berühmten amerikanischen Softdrinks her. Die GMT-Master mit roter und schwarzer Lünette, die dem Logo eines anderen Getränkeriesen, Coca-Cola, ähnelt, wird aus dem selben Grund als »Coke« bezeichnet. Die Rolex GMT-Master mit schwarzer und blauer Lünette heißt »Batman«, in diesem Fall eine Anspielung auf den Superhelden aus den DC Comics, der ein unverwechselbares Kostüm in dieser Farbkombination trägt. Die GMT-Master II Referenz 16713 wird gemeinhin »Tiger's Eye« genannt, aufgrund der Farbgebung des Zifferblatts, die an die verschiedenen Brauntöne des Edelsteins erinnert. Zudem trägt sie den Spitznamen »Root Beer«, da die Uhr den charakteristischen Braunton des Getränks aufweist.

Die Submariner mit grünem Keramikzifferblatt und Lünette heißt »Hulk«, nach dem Marvel-Superhelden. Die Version mit grüner Lünette dagegen, die 2003 anlässlich des fünfzigjährigen Jubiläums des Modells eingeführt wurde, ist bekannt als »Kermit«, benannt nach der von Jim Henson geschaffenen Muppet-Figur.

Spezifische Merkmale von Form und Größe

Einige Modelle verdanken ihre Spitznamen ihren besonderen Eigenschaften. Im Jahr 1933 präsentierte Rolex ein Modell mit Oyster-Gehäuse und Perpetual-Werk: Dieses namenlose Modell wurde »Bubbleback« genannt – oder, von italienischen Sammlern, »Ovetto«. Dies bedeutet »kleines Ei« (in der Version mit 32-mm-Gehäuse) und »Ovettone« bzw. »großes Ei« (mit 36-mm-Gehäuse) – eine Anspielung auf die spezifische Abrundung des Gehäusebodens, die dazu dient, Platz für den Rotor zu schaffen.

Die Referenz 8171 ist als »Padellone« bekannt; sie wurde nur in einem Zeitraum von vier Jahren, zwischen 1948 und 1952, mit einem 38-mm-Gehäuse produziert. Für die damalige Zeit war dies eine ungewöhnliche Größe – daher der Name, der auf Italienisch »große Bratpfanne« bedeutet. Es handelt sich um die erste hochkomplexe Uhr von Rolex, die mit einem Jahreskalender und einem Automatikwerk ausgestattet war.

Das Modell mit Jahreskalender zeigt das Datum, den Monat und den Wochentag sowie die Mondphasen an. Es stammt aus dem Jahr 1952 – das technische Meisterwerk ging aufgrund der sternförmigen Stundenmarkierungen mit dem Spitznamen »Stelline« (italienisch für »kleine Sterne«) in die Geschichte ein. Der farbige, pfeilförmige Zeiger der Explorer II war in Italien Anlass für den Namen »Freccione«, was so viel wie »großer Pfeil« bedeutet. Ab 1971 wurde sie auch »Steve McQueen« genannt, nach dem berühmten Schauspieler, der sie allerdings vermutlich nicht getragen hat. Der Name der Sea-Dweller, »Polipetto« (»kleiner Oktopus« auf Italienisch), ist augenscheinlich, wenn man einen Blick auf das Zifferblatt wirft, auf dem ein Oktopus, das Emblem des italienischen Polizeitaucherkorps, abgebildet ist.

Die Daytona und ihre Varianten

Eines der berühmtesten Modelle des Unternehmens ist die Daytona, deren Erfolg eng mit dem Hollywood-Idol Paul Newman verknüpft ist. Diese Verbindung zwischen der Uhr und dem Schauspieler ist Osvaldo Patrizzi zu verdanken: »Ich hatte die Idee, die Rolex Daytona Referenz 6239 nach Paul Newman zu benennen, nachdem ich ein Foto des amerikanischen Schauspielers gesehen hatte, der dieses Modell trug. Es handelte sich um eine Rolex Cosmograph mit einem ungewöhnlichen zweifarbigen Zifferblatt, das sich von anderen klassischen Zifferblättern unterschied; seine Frau Joanne Woodward hatte ihm die Uhr geschenkt. Er trug sie oft, und sie war sogar auf dem italienischen Plakat für den Film *Winning* von 1969 zu sehen. Bei einer Auktion in Basel im April 1990 wurde die Uhr mit dem Namen »Paul Newman« der Öffentlichkeit zugänglich gemacht, die sie mit großer Begeisterung aufnahm: die Geburtsstunde der ikonischen Daytona Paul Newman.

Ein weiteres Beispiel für diese Form der »emotionalen« Kommunikation, die Patrizzi umsetzte, war die Benennung der Referenzen 4767, 6036 und 6236 nach dem berühmten Ski-Olympiasieger Jean-Claude Killy. Dieser war ein großer Rolex-Fan und liebte es, sein Chronographen-Modell mit dreifachem Datum zu tragen. Auch in diesem Fall ging das Modell in die Sammlergeschichte ein. »Die Entscheidung, die Referenznummern durch Namen zu ersetzen, war sicherlich ein erfolgreicher Schritt, um die Identifizierung der Uhren zu erleichtern. Sie erlaubt es, über den einfachen technischen Aspekt und die stilistischen Merkmale hinauszugehen; der Mythos, die Sehnsucht und das Konzept der Außergewöhnlichkeit treten in den Vordergrund.«

Der Patrizzi-Quadrant

Die Daytona Patrizzi ist eine Rolex Daytona Referenz 16520 mit einem schwarzen Zifferblatt, dessen weiße Zähler sich in verschiedene Brauntöne verfärbt haben. »Im Laufe der Jahre habe ich verstanden, warum einige Zifferblätter der Referenz 16520 dazu neigen, sich mit der Zeit zu verfärben. Die Farbveränderung ist darauf zurückzuführen, dass Rolex zum Schutz des Zifferblatts einen transparenten Lack namens ›Zappon‹ verwendet hat. Aufgrund des organischen Ursprungs des Lacks waren die Zähler einer natürlichen Oxidation ausgesetzt. Dieses Werk der Natur hat einzigartige Stücke von großem Wert geschaffen. Die Sammler haben mich geehrt, indem sie dieser Variante meinen Namen gegeben haben.«

Heute sind diese Exemplare bei Sammlern besonders begehrt, und ihre Bewertungen sind deutlich höher als diejenigen anderer Modelle.

Das Modell Rolex Daytona Patrizzi ist eine Daytona Referenz 16520.

Alexandre Ghotbi

DER VERKAUF DES HEILIGEN GRALS

Alexandre Ghotbi, Head of Watches, Continental Europe and Middle East, des Auktionshauses Phillips, über die Entwicklung von Rolex-Uhren auf dem Auktionsmarkt, im Rückblick auf den historischen Verkauf von Paul Newmans Daytona.

Nach Einschätzungen des Beratungsunternehmens McKinsey & Company wird sich der Sekundärmarkt für Uhren zu dem am schnellsten wachsenden Segment der Luxusindustrie entwickeln und einen Wert erreichen, der sich bis 2025 zwischen 29 und 32 Milliarden Dollar bewegt. Befragt nach der Rolle, die Rolex in diesem Zusammenhang spielen wird, meint Alexandre Ghotbi von Phillips: »Wir müssen uns zunächst vor Augen halten, dass es zwei Arten von Sekundärmärkten gibt. Der erste stellt einen vereinfachten Zugang zu den im Einzelhandel vorhandenen Uhren dar, die jedoch nicht jeder kaufen kann, weil sie nicht sofort verfügbar sind. In diesem Bereich sind die Preise regelmäßiger, und die Wünsche der Kunden spiegeln die Wünsche auf dem Primärmarkt wider. Auf dem Markt für historische Stücke hingegen folgen die Preise und die Auswahl verschiedenen Formen der Logik, die mit denen im Kunstsektor vergleichbar ist: Sicherlich ist eine Uhr mit einem Kunstwerk vergleichbar, dessen Ästhetik und technische Genialität man erkennen kann. Rolex spielt in diesem Zusammenhang eine zentrale Rolle, denn es gab und gibt eine große Nachfrage nach Uhren dieser Marke.«

Im Laufe der Jahre hat Rolex Innovationen eingeführt, die den Markt beeinflusst haben. Vor allem in den Fünfzigerjahren schuf das Unternehmen eine Reihe von Modellen, die ursprünglich als professionelle Uhren konzipiert waren und später zu Ikonen der Uhrmacherkunst und zu einem Meilenstein auf dem Sportuhrenmarkt wurden. Zudem haben Rolex-Uhren ein unverwechselbares Design, das sich immer durch bestimmte Stilelemente auszeichnet.

Alexandre Ghotbi, Head of Watches, Continental Europe and Middle East, des Auktionshauses Phillips.

»Die formale Konsistenz spielt sicherlich eine wichtige Rolle bei der Aufwertung des gesamten Markenauftritts eines Unternehmens, und Rolex ist bekannt für seine Beständigkeit, die die Werte der Marke unterstützt.« Die Stärkung und das Streben nach dieser Kohärenz sind wichtige Merkmale der Strategie von Rolex in den mehr als hundert Jahren des Bestehens, in denen eine kleine Zahl hochrangiger Führungskräfte die ursprünglichen Entscheidungen, die die Philosophie des Unternehmens geprägt haben, kontinuierlich weiterverfolgt hat.

»Die CEOs, die die Leitung des Unternehmens übernommen haben, waren in der Lage, die immateriellen Werte, die mit der Marke verbunden sind, weiterzuentwickeln, indem sie auf Qualität, das Streben nach Schönheit und den Wunsch, im Leben erfolgreich zu sein, setzten. Die Marke Rolex wird mit Luxus assoziiert und erreicht dennoch eine Vielzahl von Menschen: vom Studenten bis zum ›Erfolgsmenschen‹ strebt jeder danach, eine Uhr mit dem Kronenemblem zu besitzen und zu tragen.«

Daytona Referenz 6263; sie wurde vor 1963 (dem Jahr, in dem auch das Modell Daytona erstmals hergestellt wurde) bis etwa 1970 produziert. Die Ehefrau des Schauspielers Paul Newman, Joanne Woodward, hatte sich für eine Daytona mit dem von Rolex als »exotisch« bezeichneten Zifferblatt entschieden, heute ein sehr begehrtes Vintage-Modell.

Obwohl es sich bei Rolex um eine Marke handelt, die an der Spitze der Luxuspyramide steht und daher exklusiv ist, erzeugt sie bei den Käufern einen Effekt der Inklusivität – das Gefühl, im Club der »Macher« willkommen zu sein. Die Marke löst keine gegenteilige Reaktion aus, wie dies etwa in China zu beobachten war: Als sich immer mehr Frauen Louis-Vuitton-Taschen leisten konnten, begannen Frauen aus höheren Gesellschaftsschichten, nur noch Hermès zu kaufen, um sich von einer Marke zu distanzieren, die nun als zu »aufgeblasen« galt. »Bei Rolex ist das nicht der Fall, hier überwiegt das Teilen eines Ideals, eines Lebensstils und der Leidenschaft für ein Produkt.«

Als Head of Watches Continental Europe and Middle East hat Ghotbi einen umfassenden Blick auf den Markt in verschiedenen Teilen der Welt. »Unsere Kunden verteilen sich gleichmäßig auf Europa, die Vereinigten Staaten und Asien, und wir stellen keine großen Unterschiede im Geschmack auf diesen drei Kontinenten fest. Der Markt im Nahen Osten ist sicherlich der jüngste. Bedenken Sie nur, dass noch vor fünf Jahren das Konzept des Sekundärmarktes in den Ländern des Nahen Ostens nicht existierte. Hier gehören die Kunden zu einer Gruppe zwischen 28 und 35 Jahren, die auf den Kauf neuerer Zeitmesser fokussiert ist: Uhren aus den Siebzigerjahren zum Beispiel oder modernere Uhren. Auch juwelenbesetzte Uhren-Editionen wie das Modell Rainbow sind sehr beliebt. Es ist jedoch schwer zu sagen, ob dieser Trend von Dauer sein wird. Die Geschmäcker ändern sich, und in Zukunft werden die Menschen vielleicht Uhren wählen, die sie heute nicht in Betracht ziehen. Andererseits ist die Suche nach Qualität und Seltenheit konstant.«

Einzigartig war die Paul Newman Cosmograph Daytona, die ursprünglich dem Schauspieler gehörte und im Jahr 2017 von dem Auktionshaus Phillips für 17,8 Millionen Dollar veräußert wurde. Cosmograph-Daytona-Uhren wurden 1963 von Rolex eingeführt und für Rennfahrer konzipiert, daher der Name, der sich auf die Rennstrecke Daytona International Speedway in Florida bezieht. Rolex bot eine große Auswahl an Zifferblättern für die Cosmographs an und nannte sie aufgrund ihrer Farbvariationen »exotisch«; diese Zifferblätter erhielten später den Namen »Paul Newman«, da der Schauspieler eine Uhr mit einem solchen exotischen Zifferblatt trug. Die Legende der Daytona – eine Uhr, die für einige wenige geschaffen wurde und heute von vielen begehrt wird – entstand durch die Popularität von Paul Newman. Die Leidenschaft des Schauspielers für Geschwindigkeit ging so weit, dass seine Frau Joanne Woodward, die sich immens um ihn sorgte angesichts der großen Risiken, denen er sich aussetzte, als er 1968 alle Szenen für den Film *Winning* ohne Stuntman drehte, ihm eine Cosmograph Daytona mit der Gravur »DRIVE CAREFULLY-ME« auf dem Gehäuseboden schenkte. Die Widmung an sich, mit dem abschließenden »me«, das die Intimität des Paares und die große Zuneigung zu der Person, der sie gewidmet war, zum Ausdruck bringt, war Millionen von Dollar wert.

»Der Verkauf von Paul Newmans Cosmograph Daytona mit dem Paul-Newman-Zifferblatt war, als hätte man die Primärquelle des Sammelns vor sich. Es war ein Objekt von historischer Bedeutung – nicht nur allgemein, sondern für das Sammeln selbst. Als in den 1980er-Jahren der Wert von Vintage-Armbanduhren zu steigen begann, vor allem durch die Suche nach einzigartigen Modellen, die eine Geschichte erzählen konnten oder mit großen Namen verbunden waren, gewann der Sammlermarkt erst richtig an Fahrt.«

Eine weitere legendäre Uhr, die von Phillips versteigert wurde, war die Referenz 6062, mit dem Spitznamen »Bao Dai«, so genannt nach ihrem Besitzer, dem letzten Kaiser von Vietnam. Im Frühjahr 1954 fand in Genf ein Treffen der Weltmächte statt, um die Zukunft Vietnams nach dem langwierigen Ersten Indochinakrieg zu regeln. Der vietnamesische Kaiser, besser bekannt als Bao Dai, der »Hüter der Größe«, war ebenfalls anwesend. Zwischen den Konferenzen ging der Kaiser zu dem Rolex-Händler Philippe Beguin, wo er seine Absicht erklärte, die exklusivste Rolex zu kaufen, die je hergestellt wurde. Nach mehreren höflich abgelehnten Angeboten wandte sich Beguin direkt an die Rolex-Zentrale. Diese schickte einen Abgesandten, der einen Zeitmesser mitbrachte, der dem Geschmack des Kaisers perfekt entsprach. Die von 1950 bis 1953 in einer Auflage von nur wenigen Hundert Stück produzierte Uhr mit Jahreskalender-Komplikation ist das aufwendigste Modell, das Rolex je hergestellt hat, und gilt noch heute als Meilenstein des Sammelns.

Im Jahr 2002, als die Uhr durch die Familie des ursprünglichen Besitzers wieder zur Versteigerung kam, erneut über Phillips, wurde sie für 235.000 Dollar verkauft. Fünfzehn Jahre später belief sich der Verkaufspreis bereits auf 5 Millionen Franken und übertraf damit bei Weitem die ursprüngliche Schätzung von mehr als 1,5 Millionen Franken.

Zu den vielen rekordverdächtigen Rolex-Uhren gehört eine GMT-Master, die Marlon Brando 1979 am Set des Films *Apocalypse Now* trug. Während der Dreharbeiten auf den Philippinen riet ihm ein Mitglied des Produktionsteams, die leicht erkennbare Rolex nicht zu tragen, um seine Figur glaubwürdiger zu machen, da er einen im Dschungel verirrten Armeeoberst spielte.

Brando entschied sich daraufhin, die auffällige Drehlünette entfernen zu lassen und das glänzende Metall darunter zu belassen. Diese Besonderheit sowie der Gehäuseboden, der vom Schauspieler selbst mittels eines speziellen elektrischen Gravierstifts mit dem Schriftzug »M. Brando« versehen worden war, machten dieses Objekt zu einem Unikat – so einzigartig, dass die Uhr im Jahr 2019 einen Wert von 1,9 Millionen Dollar erreichte. Ein weiteres rekordverdächtiges Exemplar war die »Einhorn«, eine Daytona aus Weißgold, die 1970 im Auftrag eines großen deutschen Einzelhändlers hergestellt worden war und später 5,93 Millionen Schweizer Franken erzielte. Im Jahr 2019 wurde ein Exemplar des Chronographen 4113 mit Split Second (Schleppzeiger) zu einem Preis von 2,4 Millionen Franken verkauft. Es war die erste und einzige Split-Second-Uhr, die Rolex jemals produziert hat, selten und unerreichbar.

Die Referenz 6062, eine Uhr mit dreifachem Kalender und Mondphase, wurde für den vietnamesischen Kaiser hergestellt, nach dem sie »Bao Dai« genannt wurde. Dieses Exemplar zeichnet sich durch ein schwarzes Zifferblatt mit fünf Diamantindizes aus, das nur in drei weiteren Exemplaren der Referenz 6062 zu finden ist. Die Anordnung der Diamanten unterscheidet sich jedoch von derjenigen der anderen drei Uhren und macht diesen Zeitmesser in jeder Hinsicht einzigartig. Das schwarze lackierte Zifferblatt in Kombination mit den Diamanten verleiht der Uhr einen unvergleichlichen Charme, ergänzt durch ein 36-mm-Oyster-Gehäuse aus Gelbgold.

WED
ROLEX
AUG
OFFICIALLY CERTIFIED
CHRONOMETER

Jan Schoormans

PSYCHOLOGISCHES PROFIL DES ROLEX-LIEBHABERS

Die menschliche Erfahrung ist tief, persönlich und potenziell unendlich. Vom ersten Schrei eines Neugeborenen bis zum letzten Seufzer eines alten Menschen, der von uns geht, ist es der Mensch – das einzigartige Individuum –, der seine persönliche Welt durch bedeutungsvolle Objekte in seiner unmittelbaren Umgebung erschafft.

Jaan Valsiner, *An Invitation to Cultural Psychology*

Die psychologischen Hebel, die dem Luxuskonsum zugrunde liegen, sind vielfältig und komplex. Im Jahr 1899 übte der Sozialwissenschaftler Thorstein Veblen scharfe Kritik an dem, was er den »auffälligen Konsum« der amerikanischen oberen Mittelschicht nannte. Die Reichen seien so besessen von ihrem sozialen Status, dass sie alles tun würden, um diesen zu demonstrieren, schrieb er. In jüngerer Zeit hat der Philosoph Thierry Paquot den Luxuskonsum als Stimulans für die Evolution der Menschheit, als Triebkraft für Fortschritt und wirtschaftlichen Wandel erachtet, der sie von einer an die Anhäufung nutzloser Statussymbole gebundenen Vision befreie. Stattdessen interpretierte er Luxus als Suche nach Exklusivität, durch die der Mensch seine Individualität zum Ausdruck bringt. Die Individualität ist in der Tat von zentraler Bedeutung für die Definition eines Stils, der auf persönlicher Vorliebe beruht, sich somit außerhalb der Mode positioniert und Wahlfreiheit zulässt. Vom Schriftsteller Oscar Wilde bis zum Soziologen Georg Simmel wurde die Mode als »Tyrann« betrachtet – allerdings als einer mit Exzess – und aufgrund ihrer Vergänglichkeit auch als ein flüchtiger Tyrann bezeichnet. Es ist also kaum sinnvoll, dass sich der Einzelne automatisch den Trends einer Zeit anpasst; sofern er nicht individuell ist, wird er nie elegant sein. Die Suche nach einem persönlichen Stil ist ein Ausdruck des Charakters, und die Wahl eines tragbaren Objekts eine Erweiterung der eigenen Individualität.

Jan Schoormans ist emeritierter Professor für Verbraucherverhalten an der Technischen Universität Delft in den Niederlanden. Im Laufe der Jahre konzentrierte sich seine Forschung auf die Entwicklung der Persönlichkeit eines Produkts, deren Konzept und visuelle Bewertung. Mit seiner Forschung hat er nachgewiesen, dass es eine Entsprechung zwischen der Persönlichkeit eines Menschen und der eines Produkts gibt. Gemeinsam mit Peter van der Bel gründete er 2011 auf Grundlage dieser Erkenntnisse das Center for Applied Product Personality Research (CAPPR). Das Zentrum entwickelt und nutzt visuelle Methoden zur Bewertung der Persönlichkeit von Menschen, Produkten und Dienstleistungen.

Nach den Theorien von Schoormans, einem Experten für Konsumentenverhalten an der Technischen Universität Delft in den Niederlanden, ist es möglich, Gegenständen eine Persönlichkeit zuzuschreiben, so wie man es bei Menschen tun würde. Zusammen mit Peter van der Bel, der auf Linguistik spezialisiert ist, wendet Schoormans ein Modell zur Produktdefinition namens OCEAN an, das die Persönlichkeiten großer Marken, darunter Rolex, beschreibt.

Auf dieser Grundlage lassen sich die Persönlichkeiten in fünf (auch »Big Five« genannte) Eigenschaften unterteilen: Offenheit für Erfahrungen, Gewissenhaftigkeit, Extrovertiertheit, Sympathie und Neurotizismus.

Die Offenheit für Erfahrungen misst das Verhalten einer Person in Bezug auf neue technologische und soziale Phänomene sowie die Sensibilität für ästhetische Aspekte des Lebens. »Ein hoher Wert in diesem Merkmal verweist auf eine neugierige, vielseitige, kreative, originelle und unkonventionelle Persönlichkeit. Umgekehrt kennzeichnet ein niedriger Wert Menschen, die konventionell, pragmatisch, realistisch oder wenig interessiert sind. Gewissenhaftigkeit ist die zweite Dimension, die sich auf das Verhalten sowie die Art und Weise bezieht, wie Menschen ihre Impulse kontrollieren und steuern. Ein hoher Wert ist typisch für organisierte und disziplinierte Persönlichkeiten, während ein niedriger Wert kennzeichnend für eine impulsive Persönlichkeit ist«, erklärt Schoormans.

Die Eigenschaft Extrovertiertheit bewertet die Neigung einer Person, mit der Außenwelt zu interagieren. »Extrovertierte sind gesellige Menschen, die soziale Beziehungen genießen. Sie sind gesprächig und können sich bei anderen durchsetzen. Ein niedriger Wert ist dagegen typisch für ruhige und besonnene Menschen. Das bedeutet nicht, dass sie unsozial sind, sondern dass sie in ihren Beziehungen Privatsphäre bevorzugen.« Die Eigenschaft der Verträglichkeit ist nützlich, um zu verstehen, welchen Wert eine Person der Harmonie beimisst und inwieweit sie in der Lage ist, sich in die Lage eines anderen hineinzuversetzen. Personen, die hier eine hohe Punktzahl erreichen, sind mitfühlend, umgänglich und sanft. Ein Wert am entgegengesetzten Ende wird von wettbewerbsorientierten Menschen erreicht. Neurotizismus zeigt die emotionale Stabilität an. »Menschen mit einem hohen Wert sind nervös und stressanfällig, während ein niedriger Wert eine emotionslose Persönlichkeit mit hohem Selbstwertgefühl und Selbstvertrauen kennzeichnet.« Die von Schoormans und van der Bel durchgeführten Untersuchungen beruhen auf der Anwendung des OCEAN-Modells und auf den erstellten Profilen von Personen, die sich für den Kauf eines bestimmten Produkts entscheiden.

Nach den Analysen von Schoormans und van der Bel entspricht die Produktpersönlichkeit einem Profil menschlicher Persönlichkeitsmerkmale und kann zur Beschreibung eines bestimmten Produkts sowie zu dessen Unterscheidung verwendet werden. Die Produktpersönlichkeit ist wichtig; sie ist Ausdruck der Kundenpräferenz, da die Verbraucher dazu neigen, Produkte zu wählen, deren Persönlichkeit ihrer eigenen ähnelt.

Die von diesen Wissenschaftlern entwickelten Modelle zeigen auch eine Übereinstimmung zwischen dem psychologischen Profil einer Person und der Art der Produkte, die sie bevorzugt konsumiert, etwa Waren oder Erlebnisse. Auch im Fall der Rolex-Uhren gibt es eine Affinität zwischen dem Kunden und der Persönlichkeit des Produkts.

Nach Anwendung des OCEAN-Modells auf eine Stichprobe von Verbrauchern mittels einer App hat Schoormans fünf Eigenschaften definiert, die charakteristisch sind für die Persönlichkeit von Rolex-Uhren und die der Liebhaber dieser Uhren. Die Ergebnisse zeigen, dass die vorrangige Eigenschaft von Rolex vor allem »konventionell« ist, da die Marke insbesondere mit der Tradition verbundene Werte zum Ausdruck bringt. In Bezug auf die zweite Eigenschaft tauchen die Begriffe »Genauigkeit« und »Präzision« auf, die in Anbetracht der Produktkategorie vorhersehbar sind; sie entsprechen den Erwartungen an die Funktion einer Rolex. Die Konsumenten erwarten von einer Rolex-Uhr, dass sie das tut, wofür sie gedacht ist: stets die Zeit anzeigen, mit hoher Präzision und Qualität. Diese Eigenschaften verbinden sich jedoch auch mit den Werten »Einfachheit« und »Beständigkeit«. Sie beziehen sich auf die einheitliche Botschaft der Marke, die harmonische Ästhetik, mit der sie zum Ausdruck gebracht wird, und die starke Verbindung zu dem Erbe des Unternehmens, das es über die Zeit bewahrt hat.

Als drittes Merkmal nach diesem Modell wird Rolex auf einer Skala zwischen »Lebendigkeit« und »Bescheidenheit« angesiedelt. Dies deutet darauf hin, dass diese Uhren von Kunden bevorzugt werden, die weder sehr extrovertiert noch besonders egozentrisch sind. Rolex-Uhren können von geselligen Menschen getragen werden, die durchaus auch ihren persönlichen Rückzugsort schätzen. Eine weitere Eigenschaft von Rolex ist, dass die Marke als »tolerant« bezeichnet werden kann. Die Werte »Kühnheit« und »Rücksichtnahme auf andere« erfahren die gleiche Gewichtung, denn die Marke strebt nach Etablierung eines eigenen Stils, hat sich aber auch dazu verpflichtet, die Bedürfnisse der Nutzer zu befriedigen.

Schließlich kann Rolex als »konkret« und »selbstbewusst« bezeichnet werden. Die Marke vermittelt den Eindruck von Ruhe und Sicherheit, und wer sie wählt, zeigt eine starke Persönlichkeit, die sich nicht so leicht beirren lässt.

Remi Guillemin

KOSTBARE RARITÄTEN

Rolex bietet eine breite Palette von Uhrenmodellen für jedes Handgelenk, von der klassischen Uhr bis zur professionellen Uhr. Sie alle kombinieren Funktionalität und Stil, vereint durch ein Design, das über die Jahre hinweg seinen ikonischen Charakter bewahrt hat. Remi Guillemin, Head of Europe, Watches, bei Christie's, erläutert, was Sammler suchen.

Rolex hat seinen Erfolg mittels einer Marketingstrategie erzielt, die das Unternehmen im Laufe der Zeit über verschiedene Kanäle und Aktionsformen umgesetzt hat, um sich in den Köpfen der Verbraucher als das Luxusgut schlechthin zu positionieren – nicht nur im Zusammenhang mit der Uhrmacherkunst, sondern in einem allgemeineren Kontext. Durch die starke Verknüpfung mit Sportereignissen hat das Schweizer Unternehmen seinen Namen gezielt mit den exklusivsten sportlichen Aktivitäten verbunden, die auf bestimmte Gesellschaftsschichten beschränkt sind – von Grand-Prix-Rennen bis zu Golfturnieren, von Tennis-Grand-Slam-Turnieren bis zum Reiten und Segeln. Im Fokus stehen stets führende Persönlichkeiten aus Sport, Wirtschaft und Gesellschaft, die dazu beigetragen haben, die Exklusivität des Produkts zu untermauern. Hinzu kommt, dass die Marke häufig von prominenten Persönlichkeiten repräsentiert wird. Auf diese Weise ist es Rolex gelungen, sich in der kollektiven Wahrnehmung als erfolgreiche Marke mit einer Spitzenposition im Luxussektor zu etablieren.

»Die Uhren der Genfer Manufaktur haben hohes Prestige«, sagt Guillemin. »Ihr Wert hängt mit ihrer besonderen Qualität zusammen, die stets vom Hersteller garantiert wird. Der Erfolg beruht aber auch auf immateriellen Merkmalen, die diese Produkte auszeichnen. Sie wurden im Laufe der Zeit durch Botschaften unterstützt, die überwiegend Emotionen ansprechen, und weniger auf die Vermittlung von Informationen ausgerichtet waren.«

Rolex-Uhren sind ein kulturelles Erbe und eignen sich als Familienerbstücke für die Weitergabe von einer Generation zur nächsten. Dies ist auch dem Design zu verdanken, das nicht nur einen äußerst hohen Wiedererkennungswert aufweist, sondern sich über die Zeit auch seine Identität und seinen Wert bewahrt hat.

Remi Guillemin, Head of Europe, Watches, bei Christie's.

Rolex Daytona Referenz 6263, entwickelt im Zeitraum von 1963 bis etwa 1970; im Jahr 1963 wurde das Modell Daytona erstmals produziert.

»Rolex-Uhren sind immer zeitgemäß: Mit ihrer unverwechselbaren Form erzählen sie eine Geschichte von Erfindungsreichtum und ausgefeilter Technik. Sie sind vergleichbar mit der Kelly Bag von Hermès oder dem Modell Carrera von Porsche.«

Die Nachfrage nach Rolex-Uhren ist nach wie vor hoch, sowohl für moderne als auch für »Vintage«-Modelle, wobei es kaum Unterschiede bei den Anfragen aus den verschiedenen Märkten wie Europa, Asien und den Vereinigten Staaten gibt. Das Spektrum der Sammler ist sehr breit gefächert; es umfasst diejenigen, die eine ganz bestimmte Art von Uhr suchen – zum Beispiel Taucher –, aber eine Rolex Submariner ist auch beliebt bei Rolex-Liebhabern, die auf der Jagd nach den verschiedenen Modellen sind.

»Die Unverwechselbarkeit und Seltenheit eines Stücks sind entscheidend für seinen Wert, der sehr hohe Zahlen erreichen kann«, sagt Guillemin. Zu diesen Uhren gehört die Referenz 6263 Daytona Paul Newman mit einem ungewöhnlich hellen, zitronengelben Zifferblatt, die 2022 bei Christie's in Genf für 3.414.000 Schweizer Franken verkauft wurde. Es handelt sich um eines von drei bekannten Exemplaren der 18-karätigen Goldedition mit einem Zifferblatt in dieser Farbe und dem Spitznamen »The Legend«. Die auch als Daytona Lemon bezeichnete Uhr verdankt ihren Namen der oben beschriebenen gelben Farbe des Zifferblatts, die sich deutlich von den üblichen Farbtönen des Modells unterscheidet, die sonst von Creme bis Champagner reichen. Ein weiteres Unterscheidungsmerkmal sind die weißen Buchstaben auf den Hilfszifferblättern. Rolex produzierte Paul Newman Cosmographs in der Regel in Gelbgold mit champagnerfarbenen oder goldenen Ziffern und Indizes auf den Hilfszifferblättern, die mit dem Farbton des gesamten Zifferblatts zu einer Einheit verschmolzen. Bei dieser Uhr hingegen heben sich die weißen Ziffern deutlich von dem dunklen Hintergrund ab.

»Die Uhr stammt aus dem Jahr 1969. In den 1960er-Jahren experimentierte das Unternehmen häufig, änderte Zifferblätter und Farben und schuf so seltene Stücke, die heute sehr begehrt sind«, sagt Guillemin.

Die Rolex Deepsea Special No. 1 wurde im Jahr 2021 für 1.890.000 Schweizer Franken versteigert. Als einer der Prototypen, mit denen sich Rolex im Jahr 1960 auf eine zweite Mission begab, ist die Uhr ebenfalls eine Besonderheit.

Diese Deepsea Special wurde entwickelt, um den extremsten Bedingungen standzuhalten: Gemeinsam mit Jacques Piccard und Don Walsh tauchte sie im Marianengraben, dem tiefsten bekannten Punkt der Erde, über 10.000 Meter unter dem Meeresspiegel. Die erste Deepsea Special war zugleich der Ausgangspunkt für die Entwicklung von Taucheruhren durch Rolex.

Referenz 6062, mit einem silbernen Zifferblatt. Diese außergewöhnliche 6062 »Stelline«- oder »Star Dial«-Uhr wurde 1950 eingeführt und nur zehn Jahre lang produziert. Der Spitzname »The Dark Star« (der dunkle Stern) ist darauf zurückzuführen, dass sich im Laufe der Zeit eine dunkle Patina auf dem Gehäuse aus 18-karätigem Gelbgold gebildet hat – ein charakteristisches Merkmal dieses Modells.

Sie war in der Tat das erste Exemplar, das am 30. September 1953 am Rumpf von Auguste Piccards Bathyscaph Trieste befestigt wurde, um ihren ersten Test in einer Wassertiefe von 3.150 Metern durchzuführen. Für über eine Million Euro wurde auch eines der wenigen Rolex-Modelle mit Komplikationen versteigert: eine Automatik-Armbanduhr mit dreifachem Kalender und Mondphasenanzeige, Referenz 6062, aus 18-karätigem Gold. Das Stück ist äußerst selten: Das Gelbgoldgehäuse wurde im Laufe der Zeit von einer dunklen Patina überzogen; dies machte es zu einem Unikat. Die »The Dark Star« genannte Uhr erzielte 2018 in New York einen Preis von 1.572.500 Dollar.

Im gleichen Jahr verzeichnete das Auktionshaus einen weiteren außergewöhnlichen Verkauf, nämlich den einer Submariner der Referenz 6538 »Big Crown«, die für 1.068.500 Dollar den Besitzer wechselte. Das Besondere an dieser Uhr war ihr »vergoldetes« Explorer-Zifferblatt mit arabischen Ziffern bei 3, 6 und 9 Uhr, eine Rarität für diese Referenz. Ein weiteres ungewöhnliches Detail war die Inschrift zur Wasserdichtheit, die nicht in Weiß, sondern in Rot gehalten war.

Es ist kein Geheimnis, dass die mit Edelsteinen besetzten Daytonas zu den »heißesten« Uhren auf dem Markt gehören. Seit der Einführung der ersten automatischen Daytona bietet Rolex seinen Kunden die Möglichkeit, das ikonische Modell in sehr kostbaren Editionen zu erwerben, und so entstanden Modelle, die mit Rubinen, Smaragden und Saphiren verziert sind. Obwohl diese erst ab den 1990er-Jahren produziert wurden, gibt es zwei manuelle Daytona-Modelle, bei denen Rolex schon früh seine Meisterschaft in der Kunst des Edelsteinbesatzes unter Beweis gestellt hat. Sie sind so selten, dass ihre beiden Produktionsnummern zusammengenommen gerade einmal fünfzig Stück betragen. Es handelt sich um die Referenzen 6269 und 6270 mit diamantbesetztem Zifferblatt und Lünette. Christie's versteigerte im Jahr 2022 in Genf die Referenz 6269 für 1.614.000 Schweizer Franken.

Dass Details einen entscheidenden Unterschied machen, wird insbesondere im Zusammenhang mit Rolex deutlich, wo etwa die scheinbare Unvollkommenheit eines Zifferblatts dazu führt, dass selbst für eine normale Referenz ein hoher Preis erzielt werden kann.

Bei der Daytona Referenz 6269 trifft der Glanz der Diamanten auf den des Goldgehäuses.
Das Zifferblatt ist mit 240 Diamanten im Brillantschliff und neun Saphiren für die Indizes besetzt.

Beppe Vicenti

DER ARCHETYP DES HERRSCHENDEN

Die Positionierung der Marke Rolex ist die einer Führungspersönlichkeit, die Autorität, Sicherheit und Macht ausstrahlt. Im Folgenden werden diese Werte anhand einer Auswahl historischer Werbeanzeigen verdeutlicht.

Der Schweizer Psychologe und Analytiker C. G. Jung entwickelte Anfang des zwanzigsten Jahrhunderts seine Theorie der Archetypen. Demnach kommt jeder Mensch mit einem primitiven Modell aus dem kollektiven Unterbewusstsein auf die Welt, das sich aus den Erfahrungen der Menschheit im Laufe der Jahrtausende ableitet und als Grundlage für die Entwicklung der persönlichen Identität dient.

Die Jung'schen Archetypen stellen eine Typologie der menschlichen Seele dar und dienen dazu, charakteristische Züge in der Identität einer Person zu identifizieren. Sie werden vier Hauptquadranten zugeordnet, die nach grundlegenden Eigenschaften definiert sind. Archetypen haben einen starken Symbolcharakter und fließen in Geschichten, Mythen und Fabeln häufig als Figuren ein; in der Realität handelt es sich um Schemata des Geistes, die angeborene Bedürfnisse, Motivationen, Ziele, Ängste und Bestrebungen zusammenführen.

Für eine Marke ist es nützlich, ihren vorherrschenden Archetyp zu verstehen, da er dabei hilft, eine Erzählung zu konstruieren, die den idealen Kunden anspricht und eine emotionale Affinität aufbaut, sowie um eine Strategie zu definieren.

Laut Beppe Vicenti, einem Experten für Bedeutungsprozesse in der Welt der Marken und der Werbung, ist der vorherrschende Archetyp von Rolex der des »Souveräns«, eines Königs, einer Königin oder eines anderen Herrschers. Der Souverän ist der geborene Anführer, mit dem Wunsch zu regieren und zu kontrollieren. Ein Herrscher hat das Ziel, etwas zu schaffen, sei es ein erfolgreiches Unternehmen, eine Gemeinschaft oder eine Familie; er zeigt Autorität und definiert Abläufe. Der Archetyp des Souveräns strebt nach Ordnung und Kontrolle, nach Präzision und Struktur.

Vicenti erklärt: »Es ist wichtig zu betonen, dass der Archetypus des Herrschenden durch die königliche Krone symbolisiert wird, das konkrete Zeichen der Verbindung zum Göttlichen und der Macht, die sie dem Einzelnen in der physischen Welt verleiht.«

Nach seinem Abschluss in Philosophie mit Spezialisierung auf Psychologie lehrte und forschte Beppe Vicenti mehrere Jahre lang am Fachbereich für dynamische Psychologie der Universität Mailand. Zudem war er für die Jahreskurse zu Gesprächs- und Interviewtechniken an der Postgraduiertenschule dieser Fakultät verantwortlich. Seit mehr als 25 Jahren widmet er sich der Motivationsforschung, arbeitet hierzu mit verschiedenen Instituten zusammen und leitet die Forschung in der Qualitätsabteilung von IPSOS. Im Jahr 2001 gründete er NEXTEST, eine auf strategisches Research spezialisierte Organisation.

Der hohe Markenwert von Rolex ist das Ergebnis eines langen Weges, der bis in die Gründungsjahre des Unternehmens zurückreicht.

Die Werbekampagnen für die Oyster Perpetual aus den 1950er-Jahren unterstreichen genau diese Verknüpfung der Marke mit Macht.

»Männer, die die Geschicke der Welt lenken, tragen Rolex-Uhren«, so der Claim des Hauses. Diese Aussage wird gezielt durch Bilder untermauert, die Autorität vermitteln: ein Kapitän, der die Route festlegt; ein Mann von Welt, der zu einem Publikum spricht; ein Herr, der in einem Auto sitzt und einer Menschenmenge zuwinkt; drei Figuren, mit dem Rücken zum Betrachter, deren Blick den Fotografen zugewandt ist; Politiker in einem Kontext, der an eine UN-Sitzung erinnert; jemand, der sich darauf vorbereitet, eine Rede für große internationale Radiosender aufzunehmen; ein hochdekorierter Soldat. Diese Kontexte erinnern an vertraute Situationen, und auch wenn die Gesichter nicht zu sehen sind, greift der Begleittext ein, um dieses Problem zu lösen, indem er erklärt: »Wir können ihre Namen nicht nennen oder Bilder von ihnen zeigen. Das wäre nicht angemessen, denn es handelt sich um Könige, Staatsoberhäupter und große Kommandeure. Aber wir laden Sie ein, die nächsten Bilder, die Sie von ihnen sehen, genau zu betrachten, sowohl ihre Handgelenke als auch ihre Gesichter und ihre Kleidung. Sie werden feststellen, dass sie in fast allen Fällen eine Armbanduhr tragen. Diese Uhr ist mit hoher Wahrscheinlichkeit von Rolex in Genf hergestellt worden.« Die Anzeigen enthalten Produktinformationen über die Oyster Perpetual, den »Höhepunkt dreier Rolex-Erfolge«, nämlich den Erhalt des ersten offiziellen Prüfzertifikats für einen Armbandchronometer im Jahr 1910, die Erfindung des Oyster-Gehäuses im Jahr 1926 und das Automatikwerk im Jahr 1931.

Im Laufe der Jahre wurde die Werbung zunehmend anschaulicher und weniger diskursiv, doch das Konzept der Verbindung mit Macht blieb bestehen, was durch eine Reihe von Schlagzeilen suggeriert wurde: »Wenn Sie morgen mit der Concorde fliegen würden, würden Sie eine Rolex tragen«, »Wenn Sie morgen hier eine Rede halten würden, würden Sie eine Rolex tragen«, »Wenn Sie morgen hier verhandeln würden, würden Sie eine Rolex tragen«, »Wenn es Ihr Job wäre, Brände in Ölquellen einzudämmen, würden Sie eine Rolex tragen« oder »Wenn Sie morgen allein um Kap Hoorn segeln würden, würden Sie eine Rolex tragen«. Dieser Anzeigenserie, die Ende der 60er- und in den 70er-Jahren erschien, war die Vorstellung von Abenteuer und Mut gemeinsam, und zwar immer in »außergewöhnlichen« Situationen. Der Text unterstreicht die Zuverlässigkeit dieser Zeitmesser, die als treue und wertvolle Instrumente dargestellt werden: »Da ein Großteil der Arbeit von Hand gemacht wird, dauert es länger als ein Jahr, um eine Rolex herzustellen. Deshalb wird eine Rolex auch ein Leben lang halten.«

In direktem Zusammenhang mit der Kraft des Namens und dem kollektiven Bewusstsein steht eine Botschaft, die Anfang der 1950er-Jahre in Zeitschriften erschien und an die Kriegszeit sowie eine »gerechtfertigte« Fälschung erinnert. Rolex, die am häufigsten plagiierte Marke der Welt, sah sich schon immer mit diesem Phänomen konfrontiert, das ihren Erfolg trotz des wirtschaftlichen Schadens noch betont. In einem einzigen Fall hat das Unternehmen die Fälschungen jedoch »verziehen« und sie sogar zum Gegenstand einer Anzeige gemacht. Die Werbung geht auf einen an Rolex gerichteten Brief von Edward W. Porter zurück, einen der britischen Soldaten, die 1942 vom Feind gefangen genommen und in Lagern festgehalten wurden. Porter schrieb, dass die Gefangenen ihr Hab und Gut verkauften, um ihren Lebensunterhalt zu sichern und Medikamente zu beschaffen, um die harten Haftbedingungen zu überleben. Bald entdeckten sie, dass für die Wachen eine Rolex-Uhr als eines der wertvollsten Besitzgüter galt. Daher malte Porter, ein geschickter Zeichner, den Namen Rolex mit Tusche auf die Zifferblätter aller Uhren. Obwohl er wusste, dass er sich der Fälschung schuldig gemacht hatte, erzählte der Soldat, dass mit dem Erlös aus dem Verkauf dieser Uhren viele Menschen vor dem Verhungern gerettet werden konnten.

Rolex veröffentlichte Auszüge des Schreibens und eine Erklärung, dass das Originaldokument am Genfer Firmensitz öffentlich zugänglich wäre. So stellte Rolex zum einen den Wert des Markennamens heraus und betonte zum anderen die Großzügigkeit von Hans Wilsdorf, der während des Krieges britische Gefangene mit Zeitmessern versorgt hatte. Der Firmengründer verkörpert durch seine Großherzigkeit und sein philanthropisches Engagement den Archetypus des »Souveräns«.

Die frühesten Anzeigen für die Submariner beziehen sich auf die technischen Aspekte des Modells, aber allmählich änderte sich die Werbung: Eine hat die Überschrift »Woher haben Sie Ihre Rolex?« – eine Frage, die zwischen zwei Tauchern ausgetauscht wird –, während der Slogan davon erzählt, wie »Besitzerstolz ein enges Band zwischen Rolex-Trägern schafft. […] Ihr ›Abzeichen‹ ist ihr Rolex-Chronometer. Er kennzeichnet jeden von ihnen als Mann mit Geschmack und als führend auf seinem Gebiet.« Hier besteht eine starke »gemeinschaftliche« Bindung, die immer durch den Archetypus des Souveräns ausgedrückt wird.

Dieselbe »Woher haben Sie Ihre Rolex?«-Kampagne wurde auch für weitere Modelle in anderem Kontext eingesetzt – im Fall der Oyster Perpetual etwa unterhielten sich der Kapitän eines Flugzeugs und ein Reisender der ersten Klasse. In jeder dieser Situationen wird die Uhr als Gesprächsthema zwischen Menschen präsentiert, die sich als Gleichgesinnte betrachten.

Die Werbung des Unternehmens mit der »Krone« arbeitet auch mit Ironie. Aus diesem Blickwinkel betrachtet, geht es um die Erforschung der verführerischen Seite der Macht. Eine in den 1960er-Jahren veröffentlichte Werbung für die Submariner zeigte eine Frauenhand, die die Hand eines Mannes berührte, der an seinem Handgelenk das berühmte Uhrenmodell trägt; der Copytext lautet: »Wir haben die Submariner erfunden, damit sie 660 Fuß unter dem Meer perfekt funktioniert. Sie scheint auf allen Ebenen ziemlich gut zu funktionieren.« Der offensichtliche Bezugspunkt ist die faszinierende Figur des James Bond, gespielt von Sean Connery im Film *Goldfinger* aus dem Jahr 1964, der eine Submariner sowohl zu seinem Taucheranzug als auch zu seinem stets makellosen, eleganten Smoking trägt.

Eine politisch unkorrekte, augenzwinkernde Anzeige trug den Titel »Die Schweizer Inquisition«. Hier werden die brutalen Tests, denen die Schweizer Uhren für die Chronographen-Zertifizierung unterzogen werden, mit Folter verglichen. Der Text hebt hervor, dass Rolex die Hälfte aller Zertifizierungen erhält, obwohl die Uhren nur ein kleines Segment der Schweizer Uhrenproduktion insgesamt ausmachen.

Während die Rolex-Anzeigen in den 1970er-Jahren zunächst allgemein auf wichtige Personen aus unterschiedlichen Gesellschaftsschichten anspielten, warb der Uhrenhersteller später zunehmend konkreter mit dem Bild oder Namen bekannter Persönlichkeiten.

Sehr kühn verband das Unternehmen sein Image mit dem des Revolutionärs par excellence, Che Guevara, und zwar mit der Zeile »Eine Zeit für die Revolution«. Die Ankündigung war riskant und hätte bestimmte Kunden von der Marke entfremden können, aber kein Risiko zu scheuen, ist auch eine Eigenschaft des Souveräns.

Es folgten Werbespots mit prominenten Persönlichkeiten verschiedener ethnischer Herkunft, Geschlechter, Altersgruppen und Tätigkeitsbereiche, die zu »Testimonials« wurden: Ski-Olympiasieger Jean-Claude Killy, Romanautor Frederick Forsyth, der weltberühmte Tenor Plácido Domingo, Golf-Champion Tiger Woods und viele mehr. In jüngerer Zeit sind die Tennisspieler Roger Federer und Stefanos Tsitsipas, der Regisseur James Cameron und der Sänger Michael Bublé zu Markenbotschaftern geworden. Ihr Engagement steht im Einklang mit der Zielgruppe und dem Image der Marke, und ihr Erfolg in ihren jeweiligen Berufsfeldern hat dazu beigetragen, das ikonische Image von Rolex im Laufe der Zeit zu etablieren.

Die kontrastreichen Schwarz-Weiß-Grafiken der frühen Rolex-Werbung unterstreichen den ernsten, »dramatischen« Ton ihrer Botschaft. Diese Werbung für die Submariner präsentiert sich mit ironischem Augenzwinkern.

Daryn Schnipper

EINE MARKE, DIE KULTUREN VERBINDET

Daryn Schnipper, Leiterin der internationalen Uhrenabteilung von Sotheby's, beschreibt den Charme der seltensten Konfigurationen der Daytona.

Nach einer 2022 erschienenen Studie von LuxeConsult – einer unabhängigen Agentur mit Sitz in der Schweiz, im Herzen der internationalen Uhrenindustrie, die von Morgan Stanley mit der Erstellung eines Jahresberichts über den Markt für große Schweizer Marken beauftragt war – werden innerhalb des kommenden Jahrzehnts die Verkäufe von Luxusuhren im Sekundärmarkt die Verkäufe von neuen Modellen übertreffen. In den letzten Jahren konnte die Nachfrage des Marktes nach neuen Modellen nicht gedeckt werden, insbesondere nicht im oberen Segment. Daher wendeten sich die Verbraucher zunehmend dem Sekundärmarkt zu. Gebrauchte Uhren von Spitzenmarken werden nach wie vor über ihrem ursprünglichen Verkaufspreis gehandelt. Die Fähigkeit einer Marke, ihren Wert auf dem Sekundärmarkt zu halten, wird zunehmend als Indikator für ihre Begehrlichkeit angesehen. Wie die Analysten von Morgan Stanley in einem kürzlich erschienenen Bericht hervorhoben, ist die Beobachtung der Preisentwicklung von Vintage-Uhren für Aktienanleger vor allem deshalb interessant, weil diese ein Barometer für die Begehrlichkeit einer Marke und die künftige Preissetzungsmacht darstellt.

Wir fragten Schnipper nach der voraussichtlichen Rolle von Rolex in diesem Zusammenhang. »Rolex hatte schon immer eine beherrschende Stellung in der Uhrenindustrie, und wir erwarten, dass das Unternehmen in diesem wachsenden Segment weiterhin eine führende Rolle spielen wird. Schließlich ist Rolex die bekannteste Uhrenmarke der Welt und hat die Fähigkeit, die kulturellen Unterschiede zwischen den Ländern zu überwinden. Sie wird in der Tat weltweit geschätzt.«

Eine Marke wird zugleich stets als Summe immaterieller Eigenschaften wahrgenommen: Name, Verpackung und Preis, Geschichte, Ruf und Bekanntheit. Wie ist die Meinung der Öffentlichkeit zu Rolex?

Daryn Schnipper, Leiterin der internationalen Uhrenabteilung von Sotheby’s

›Als Rolex viele seiner Premium-Modelle wie die Daytona, die Submariner, die GMT-Master oder die Explorer auf den Markt brachte, vermarktete das Unternehmen diese zunächst als ›technische‹ Uhren, die sich an genau definierte Berufsgruppen richteten. In der Folge entstanden Modelle, die als unentbehrlich für Rennfahrer, Taucher, Piloten und Entdecker aller Couleur angepriesen wurden. Im Laufe der Zeit entwickelten sich die Rolex-Uhren zu mehr als nur einem Zeitanzeiger, den sich einige wenige Glückliche leisten konnten – sie wurden zu einem Objekt der Begierde für eine große Zahl von Menschen.«

Das gegenüber Rolex empfundene positive Gefühl, das sich ganz konkret in Kaufpräferenzen äußert, sowie die Produkt- und Markenloyalität sind sehr hoch. Was sind die Gründe hierfür?

›Die Loyalität der Kunden gegenüber der Marke Rolex liegt in der Treue des Unternehmens zu den auf dem Markt angebotenen Modellen und in der stilistischen Beständigkeit. Dies zeigt sich an der Entscheidung des Hauses, die bestehenden Modelle sowohl hinsichtlich der Ästhetik als auch der Mechanik durch subtile Änderungen zu aktualisieren, die die Identität der Marke bei potenziellen Kunden stärken. Die Dominanz von Rolex ist gleichbedeutend mit Erfolg.«

Laut Schnipper richten sich die Kundenpräferenzen auf Modelle wie die Cosmograph Daytona und die Submariner.

Sotheby's hat in der Tat für mehrere Daytonas Rekordergebnisse erzielt, darunter ein Exemplar der Referenz 6264 mit einer »John Player Special«-Version des Paul-Newman-Zifferblatts, das in der britischen Niederlassung des Auktionshauses 1,5 Millionen Dollar einbrachte. Die Rolex Daytona Paul Newman »John Player Special« stammt aus dem Jahr 1969, und ihr Spitzname leitet sich von der John-Player-Lackierung der Rennwagen des Lotus-Formel-1-Teams in den 1970er-Jahren ab. Sie ist eine der seltensten Konfigurationen der Referenz 6264, da die meisten Exemplare aus Edelstahl hergestellt wurden. Lediglich zehn Exemplare wurden in Gold gefertigt, und nur wenige von ihnen weisen das Paul-Newman-Zifferblatt in Schwarz und Gold auf, das den Spitznamen »John Player Special« erhielt.

Daytona »John Player Special«: Das schwarze Zifferblatt und das 18-Karat-Goldarmband machen diese Uhr zu einem seltenen und einzigartigen Stück.

Daytona Lapislazuli: Die Daytona 16516 aus Platin wurde mit einem Zifferblatt aus blauem Lapislazuli-Stein gefertigt.

Auch zwei der neueren Daytonas haben außergewöhnliche Erlöse erzielt. Es handelt sich um zwei Exemplare der Referenz 16516 in Platin mit Hartstein-Zifferblättern. Die erste, mit einem Lapislazuli-Zifferblatt, wurde im Juli 2020 für 3,27 Millionen Dollar verkauft. Das zweite Exemplar mit türkisfarbenem Zifferblatt wurde ein Jahr später bei der Sotheby's Hong Kong Important Watches Auction für 3,1 Millionen Dollar veräußert. Beide Uhren stammen aus den 1990er-Jahren und werden von einem Kaliber 4030 mit arabischen Ziffern auf dem Zifferblatt angetrieben.

Dies ist eine ungewöhnliche Kombination von Materialien für ein Sportmodell wie die Daytona, die sonst überwiegend aus Edelstahl gefertigt wurde, einem Metall, das sich besser für sportliche Herausforderungen eignet. Im Laufe der Jahre wurden einige Varianten in Gelbgold und Weißgold hergestellt, manche davon waren mit Diamanten und Farbsteinen besetzt. Modelle aus Platin waren selten.

Diese Daytonas, die sich auf der Liste der teuersten Uhren der Welt positioniert haben, sind insofern etwas Besonderes, als sie zu einer Gruppe von fünf Exemplaren gehören, die Rolex-CEO Patrick Heiniger in den 1990er-Jahren anfertigen ließ, um sie an Freunde und Mitarbeiter zu verschenken. Jede der limitierten Uhren verfügt über ein 40-mm-Platingehäuse und ein Hartstein-Zifferblatt. Die Modelle tragen den Spitznamen »Zenith«, weil ihr Kaliber auf dem Zenith-El-Primero-Werk basiert. Drei der Uhren wurden von Sotheby's versteigert (eine Version mit schwarzem Zifferblatt aus Tahiti-Perlmutt wurde 2018 verkauft), und ihre Konfiguration ist daher bekannt. Ein Rätsel bleiben jedoch die beiden letzten Modelle, deren Konfigurationen ebenfalls einzigartig sein sollen. Vielleicht wird das Geheimnis eines Tages gelüftet.

Daytona Turquoise: Dieses besondere Modell verfügt über ein türkisfarbenes Mineralsteinzifferblatt, so schillernd, dass es beinahe funkelt. Seine lebendige Anmutung wird noch verstärkt durch ein Alligator-Lederarmband mit Platinschließe.

BILDNACHWEISE

Alle Bilder mit freundlicher Genehmigung von Rolex, außer den folgenden:

Seiten 8-9, 60-61, 202-203 pio3/shutterstock. com
Seite 12 VTR/Alamy Stock Photo
Seite 16 VTR/Alamy Stock Photo
Seite 19 Mit freundlicher Genehmigung von Sotheby's
Seite 32 Bettmann/Getty Images
Seite 36 Mit freundlicher Genehmigung von Sotheby's
Seite 38 Mit freundlicher Genehmigung von Sotheby's
Seite 43 Keystone/Stringer/Getty Images
Seite 44 The Advertising Archives
Seite 46 Billy Farrell/Patrick McMullan/Getty Images
Seite 48 Studio Borlenghi/ALeA/Getty Images
Seite 49 Michael Kovac/Getty Images
Seite 70 Matthew Bain Inc/Shutterstock.com
Seite 72 Tobias A Dahlberg/Shutterstock.com
Seite 79 Cls Graphics/Shutterstock.com
Seite 83 The Chosunilbo JNS/Imazins/Getty Images
Seite 85 George Lowe/Royal Geographical Society/Getty Images
Seite 90 Wirestock Creators/Shutterstock.com
Seiten 92-93 Duke University Rubenstein Library/Gado/Getty Images
Seiten 94-95 Distinctive Shots/Shutterstock.com
Seite 96 Bruce McBroom/Sygma/Getty Images
Seite 97 Photo 12/Alamy Stock Photo
Seite 99 Corbis Historical/Getty Images
Seite 111 Ben Gabbe/Getty Images
Seite 114 Levent Konuk/Shutterstock.com
Seite 127 Adam Scull/Alamy Stock Photo
Seite 130 Jitjaroen Channarong/Shutterstock.com
Seite 145 Portal Satova/Shutterstock.com
Seiten 152-153 I viewfinder/Shutterstock.com
Seite 158 pio3/Shutterstock.com
Seite 161 Matthieu Mirville/Icon Sport/Getty Images
Seite 181 Rob Foldy/Stringer/Getty Images
Seite 190 Privatsammlung
Seite 192 Mit freundlicher Genehmigung von Sotheby's
Seite 193 Privatsammlung
Seite 194 Mit freundlicher Genehmigung von Sotheby's
Seite 196 Privatsammlung
Seite 197 Mit freundlicher Genehmigung von Sotheby's
Seite 198 oben: Mit freundlicher Genehmigung von Sotheby's
Seite 198 unten: Privatsammlung
Seite 199 oben: Mit freundlicher Genehmigung von Sotheby's
Seite 199 unten: Mit freundlicher Genehmigung von Sotheby's
Seite 200 links: Mit freundlicher Genehmigung von Sotheby's
Seite 200 rechts: Mit freundlicher Genehmigung von Sotheby's
Seite 201 Mit freundlicher Genehmigung von Phillips Fine Watches Limited 2019. Alle Rechte vorbehalten
Seite 205 Sergio Petrelli
Seite 209 Privatsammlung
Seiten 210-215 Mit freundlicher Genehmigung von Phillips Fine Watches Limited 2019. Alle Rechte vorbehalten
Seite 217 Mit freundlicher Genehmigung des Befragten
Seiten 220-225 Mit freundlicher Genehmigung von Christie's
Seite 227 Mit freundlicher Genehmigung des Befragten
Seite 231 The Advertising Archives
Seiten 232-237 Mit freundlicher Genehmigung von Sotheby's

BIBLIOGRAFIE

ITALO CALVINO, *Lezioni americane. Sei proposte per il prossimo millennio [dt.: Sechs Vorschläge für das nächste Jahrtausend],* Mondadori, Mailand, 2015

MARA CAPPELLETTI, *Lo stiledel tempo [dt.: Der Stil der Zeit],* White Star, Novara, 2022

PAOLO DE VECCHI und ALBERTO UGLIETTI, *Orologi da polso, tutti gli esemplari che hanno fatto la storia,* De Agostini, Novara, 2021

ROBERTO CALASSO, *L'innominabile attuale [dt.: Das unnennbare Heute],* Adelphi, Mailand, 2017

FRANZ-CHRISTOPH HEEL, *The Rolex Story,* Schiffer Pub Ltd, London, 2014

JENS HØY und CHRISTIAN FROST, *The Book of Rolex,* ACC Art Books, 2018

CARL GUSTAV JUNG, *Gli archetipi dell'inconscio collettivo [dt.: Archetypen: Urbilder und Wirkkräfte des kollektiven Unbewussten.]* (1934-54), übersetzt von Elena Schanzer und Antonio Vitolo, Bollati Boringhieri, Turin, 1977

JEAN-NOËL KAPFERER, *Kapferer on Luxury: How Luxury Brands Can Grow Yet Remain Rare,* Kogan-Page, London, 2015

GISBERT L. BRUNNER, , *The Watch Book – Rolex,* teNeues, Krefeld, 2005

PHILIP KOTLER und KEVIN L. KELLER, *Il marketing del nuovo millennio [engl.: Marketing Management],* Paravia Bruno Mondadori (Hrsg.), Mailand, 2007

PHILIP KOTLER und WALDEMAR PFOERTSCH, *B2B Brand Management,* Springer, Berlin, 2006

DAVID S. LANDES, *Storia del Tempo – L'orologio e la nascita del mondo moderno [engl.: Revolution in Time: Clocks and the Making of the Modern World],* Arnoldo Mondadori (Hrsg.), Mailand, 1984

FRANCO und GUIDO MONDANI, *100 anni di Rolex 1908 – 2008,* Guido Mondani (Hrsg.), Genua, 2008

GIORGIA MONDANI und GUIDO MONDANI, *Rolex Encyclopedia*, Guido Mondani (Hrsg.), Genua, 2015

THIERRY PAQUOT, *Elogio del lusso. Ovvero l'utilità dell'inutile [dt.: Ein Lob auf den Luxus. Der Nutzen das Nutzlosen],* Alberto Castelvecchi (Hrsg.), Rom, 2007

OSVALDO PATRIZZI und MARA CAPPELLETTI, *Investing in Wristwatches – Rolex,* ACC Art Books, Woodbridge, 2021

OSVALDO PATRIZZI und MARA CAPPELLETTI, *Rolex – History, Icons and Record-Breaking models [dt.: Rolex – Eleganz, Präzision und Innovation],* ACC Art Books, Woodbridge, 2015

OSVALDO PATRIZZI, *Oyster Perpetual Cosmograph Daytona*, Patrizzi & Co. Edition, Genf, 2011

OSVALDO PATRIZZI, *Cosmograph Daytona Manual Winding,* Action Group Editore, Mailand, 2010

OSVALDO PATRIZZI, *Collezionare orologi da polso moderni e d'epoca Rolex/Collecting Rolex Wristwatches (Vol. I and II),* Guido Mondani (Hrsg.), Genua, 2006

AL RIES und JACK TROUT, *Positioning: The Battle for Your Mind,* McGraw-Hill Education, New York, 2016

DAVID SILVER, *Vintage Rolex: The Largest Collection in the World,* Pavilion Books, London, 2020

JEFF SWYSTUN (Hrsg.), *Il glossario del brand [engl.: The Brand Glossary],* Egea, Mailand, 2007

OSCAR WILDE, *Filosofia del vestire e altri scritti sull'estetica del quotidiano,* Lanfranchi Editore, Mailand, 2021

SLAVOJ ZIZEK, *L'oggetto sublime dell'ideologia [dt. Das erhabene Objekt der Ideologie],* Ponte alle grazie, Mailand, 2014

ARTIKEL UND ESSAYS

JEAN-NOËL KAPFERER, *»Why Are We Seduced by Luxury Brands«,* Journal of Brand Management, 1998

JEAN-NOËL KAPFERER, *»Abundant Rarity, the Key to Luxury Growth«,* Business Horizons, 2012

CHRISTIAN KIM und THOMAS KRAMER, *»Do Materialists Prefer the ›Brand-as-Servant‹? The Interactive Effect of Anthropomorphized Brand Roles and Materialism on Consumer Responses«,* Journal of Consumer Research, 2016

JOAN MEYERS-LEVY und BARBARA LOKEN, *»Revisiting Gender Differences: What we know and what lies ahead«,* Journal of Consumer Psychology, 2015

GOVERS PASCALLE und JAN PL SCHOORMANS, *»Product Personality and its Influence on Consumer Preference«,* Journal of Consumer Marketing, 2005

GOVERS PASCALLE, PAUL HEKKERT und JAN PL SCHOORMANS, *»Happy, Cute and Tough, Can Designers Create a Product Personality that Consumers Understand?«* , Design and Emotion, 2003

KLAUS-PETER WIEDMANN, NADINE HENNIGS, und ASTRID SIEBELS, *»What is the Value of Luxury?«,* Psychology & Marketing, 2012

MARA CAPPELLETTI

Mara Cappelletti stammt aus Mailand. Sie studierte Fremdsprachen und Literatur an der Mailänder Universität IULM sowie die Geschichte des Schmucks und der orientalischen Kunst am Sotheby's Institute of Art in London. Seit 2019 ist sie Lehrbeauftragte für die Geschichte des Schmucks an der Universität Mailand, zudem arbeitet sie seit 2020 mit dem dortigen »Raffles Milano Fashion and Design Institute« zusammen, wo sie ebenfalls unterrichtet.

Die freiberufliche Journalistin und Autorin hat mehrere Bücher über Uhren und Schmuck veröffentlicht sowie eine Reihe von Monografien über Uhrenhersteller verfasst. Sie konzipiert und kuratiert Ausstellungen zu den Themen Schmuck und Mode, unter anderem für den Palazzo Morando, das Mailänder Museum für Kostüm und Mode. Außerdem veranstaltet sie Konferenzen und Workshops in Museen, Kulturvereinen und Kunstgalerien.

Mara Cappelletti ist Präsidentin der Associazione Culturale Stile e Storia (Kulturelle Vereinigung für Stil und Geschichte), die sich auf die Erforschung und Förderung des historischen Erbes konzentriert und die Beziehung zwischen Kunst, Mode und Schmuck als Teil der Bräuche einer bestimmten Epoche untersucht.